坂東慶太 著｜奥村晴彦 監修｜寺田侑祐 協力

東京図書

はじめに

Overleaf 創業者からのメッセージ

Dear Keita and collaborators,

Thank you for writing this book and for your dedicated support of the LaTeX and Overleaf communities both in Japan and around the world. Overleaf was built to make collaboration on LaTeX documents easier, and one of the reasons it's grown so rapidly is the support and feedback we've received from users such as yourself, right from the outset. I'd also like to thank the wider community of Japanese users for their enthusiastic adoption and support of Overleaf.

LaTeX is helping a new generation of students and researchers to write and share their work and ideas, and I'm proud that Overleaf is a leading part of that.

We'll continue to work hard on building the platform that our users want, and seeing community-driven projects such as this is a great motivation for doing so ☺

Congratulations again on producing this excellent guide to LaTeX and Overleaf. I'm happy to recommend this book.

Happy TeXing with Overleaf! ☺

JOHN HAMMERSLEY

Co-founder and CEO, Overleaf

John Hammersley

坂東さんと執筆協力者の皆様へ.

坂東さん，本書を執筆して頂きありがとうございます．そして，日本および全世界の LaTeX と **Overleaf** コミュニティに対し献身的にご支援くださっていることに感謝いたします．**Overleaf** は，LaTeX 文書の共同作成をより容易にすることを目的に開発されました．その後 **Overleaf** がこれだけ急速に成長できたのは，ひとえに，坂東さんをはじめとするユーザの皆さんが，黎明期からサポートとフィードバックをくださったおかげです．また，日本のユーザコミュニティの中で幅広く，**Overleaf** を積極的にご採用頂き，また熱くご支持を賜っていることにも感謝申し上げます．

LaTeX は，新世代の学生や研究者が自らの仕事やアイデアを形にして共有するツールとして，活躍の場を広げています．**Overleaf** がそれを先導する存在であることを誇りに思います．我々は，引き続きユーザが求めるプラットフォームの構築に尽力して参ります．本書の執筆のように，コミュニティ主導で進められてゆくプロジェクトを拝見することは，我々にとって大きな励みとなります．（^^）

LaTeX と **Overleaf** の素晴らしい入門書を世に送り出してくださることに，改めてお礼申し上げます．本書を喜んで推薦いたします．

Overleaf で Happy TeXing!（^^）

ジョン・ハマースリー（**Overleaf** 共同創立者，CEO）

監修者まえがき

私は長年にわたって LaTeX（ラテック）で仕事をし，LaTeX の本をたくさん書いている者です．本書を書かれた坂東慶太さんとは，昔からネットで情報交換をしている間柄です．このたび坂東さんが **Overleaf**（オーバーリーフ）の本を書かれるというので，お手伝いさせていただきました．

LaTeX を使い始める人にとって一番難しいところは，環境整備，つまり，コンピュータに LaTeX をインストールして使えるようにするまでの作業です．すでに LaTeX を使っている人にとっても，最新の LaTeX 環境を整えるのは面倒で，そのため古い LaTeX を使い続けている人も多いと思います．

それが，近年，Web ブラウザさえあれば準備不要で LaTeX が使えるサービスのおかげで，大きく変わろうとしています．そのようなサービスの一つが **Overleaf** です．

Overleaf を使えば，原稿書きの共同作業も簡単にできます．共著論文を書くには最適です．

本稿執筆時点で，**Overleaf** は Ghostscript を含めた TeX Live 2017 の完全な機能を持っています．日本語フォント（IPAex）も埋め込まれます．Dropbox 連携（有料）や GitHub 連携，それに **Overleaf** そのものが git サーバのように振る舞う “Git bridge” という機能があります．オンラインテキストエディタは LaTeX 命令の補完機能やコードチェック機能を持ち，Emacs や Vim のキーバインドも設定できます（残念ながら本稿執筆時点では iOS の日本語入力との相性が良くありません）．

今まで，特に日本語を含む文書を **Overleaf** で作るためのノウハウをまとめた本がありませんでした．その問題を解決するために書かれたのが本書です．

ぜひ本書を片手に **Overleaf** をお試しください．

奥村 晴彦

本書に掲載されている情報について

■本書に掲載されているスクリーンショットは，**2018 年 8 月〜2019 年 1 月**にかけて撮影したものです．

Overleaf はこの間に“**Overleaf** v2”と呼ばれる新しいバージョンをリリースしました (2018 年 7 月に β 版，2018 年 9 月に正式版をリリース)．**Overleaf** v2 正式版リリース後も断続的にマイナーバージョンアップが行われていますので，本書に掲載されている画像と現在ご覧になっている Web サイトに乖離がある場合があります．

■本書に掲載されている情報は，次の環境下で作成しています．

- OS ：macOS バージョン 10.12.4〜10.13.6
- Web ブラウザ：Safari バージョン 10.1〜12.0.3

Overleaf は，OS に依存したシステムではなく，Web ブラウザベースで動作するクラウドサービスです．macOS や Microsoft Windows が搭載されたパソコンばかりか，モバイル OS（iOS や Android）が搭載されているデバイスでも，OS 環境の新旧を問わず Web ブラウザさえあれば利用できます（インターネットに接続している必要があります）．Web ブラウザは，Google Chrome，Firefox，Microsoft Edge，Internet Explorer，Safari などで動作します．

■本書に掲載されている会社名・製品名・サービス名は，各社の登録商標または商標です．なお，本文中のマーク（®・™）記載は割愛させていただいています．

インストールいらずのLaTeX入門——Overleafで手軽に文書作成

目　次

Loading...

1章 論文執筆ツールとして評価が高まるオンライン LaTeX エディタ

本章では，研究者がどのライティング・ツールを使って論文を執筆しているのかを取りまとめたアンケート結果を紹介した上で，近年増加しつつあるオンライン LaTeX（ラテック）▶ エディタとそのユーザの状況を概観します．海外の大学図書館が研究支援の一環としてオンライン LaTeX エディタを導入する状況や，なぜ本書で **Overleaf**（オーバーリーフ）を取り上げるのかも解説します．

本章を読むことにより，オンライン LaTeX エディタの最新動向を俯瞰できます．

▶ LaTeX をどう読むかについては諸説があり，日本語では「ラテック」あるいは「ラテフ」と呼ばれることが多いです．LaTeX の生みの親であるコンピュータ科学者レスリー・ランポート (Leslie Lamport) は自著『文書処理システム LaTeX』の中で，「ラーテック，ラテック，レイテック，レイテックスでもかまわない」と述べています．本書では「ラテック」と読むこととします．

1.1 オンライン LaTeX エディタの登場と，増加するそのユーザ

ユトレヒト大学図書館は，変化する学術コミュニケーションの状況を把握するために，“学術コミュニケーション・ツールの利用に関するアンケート”[1] を実施しました▶．アンケートには 600 を超える学術コミュニケーション・ツールが挙げられ，それらを一般的な研究ワークフロー (Preparation, Discovery, Analysis, Writing, Publication, Outreach, Assessment)[2] に振り分けて調査が行われました（図 1.1）．本書で取り上げる **Overleaf** は，Microsoft Word などと並んで “Writing”（以下，ライティング・ツール）のひとつとして調査対象に挙げられました．

▶アンケート実施期間は，2015 年 5 月から 2016 年 2 月までの 9 ヶ月間．

調査の結果，論文を執筆する際に利用されているライティング・ツールといえば Microsoft Word が圧倒的に多く（57.4%），次いで挙げられ

[1] Innovations in Scholarly Communication https://101innovations.wordpress.com/
[2] 101 Innovations in Scholarly Communication - How can libraries support changing research workflows https://www.slideshare.net/bmkramer/101-innovations-in-scholarly-communication-how-can-libraries-support-changing-research-workflows

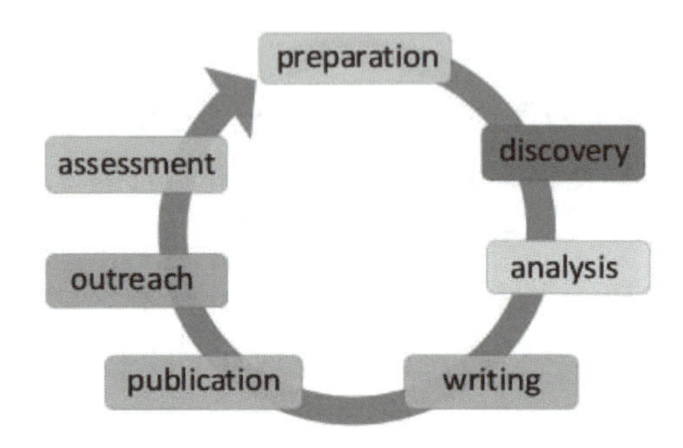

図 1.1　一般的な研究ワークフロー

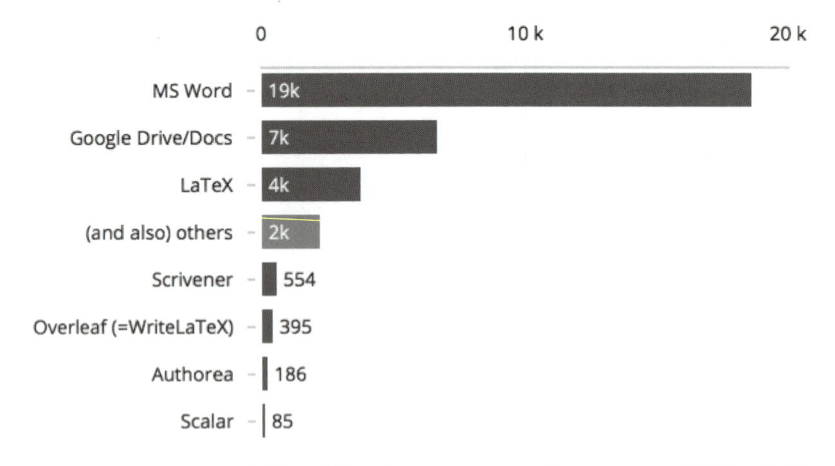

図 1.2　ユトレヒト大学図書館によるライティング・ツールの利用調査結果

た Google ドキュメント（20.5%）と LaTeX（11.6%）を合わせれば，上位 3 ツールで約 9 割（89.5%）を占めることが明らかになりました（図 1.2）．

ここで注目すべきは，近年相次いで登場したばかりのオンライン

LaTeX エディタ **Overleaf**（1.2%）や Authorea（0.9%）が，割合こそ少ないもののアンケート結果に挙げられたことです．これらは Google ドキュメントのようにオンライン上で共同編集できる，論文執筆に特化したツールです．学術出版社の論文投稿システムと連携して共同編集できることから，"共同ライティング・ツール"とも呼ばれています．

1.2 研究ワークフローのミッシングリンクを埋めるオンライン LaTeX エディタ

海外の大学図書館では，オンライン LaTeX エディタ人気に対応すべく，研究支援の一環として **Overleaf** や Authorea といったオンライン LaTeX エディタを機関契約し，利用者をサポートする動きが始まっています．

パデュー大学（米国）は，**Overleaf** の機関向けサービス"**Overleaf** Commons"（2 章 **column** 参照）を 1 年間テスト導入した結果，利用者がより簡単かつ合理的に論文を執筆でき，またレビューにかかる時間を節約できると判断して，5 年間の利用契約をすると発表しました．パデュー大学のように **Overleaf** Commons を導入している大学は，2017 年 2 月には 15 機関でしたが，2 年後の 2019 年 1 月には 3 倍以上の 54 機関に増えています[3]．

なぜ，大学図書館がオンライン LaTeX エディタの利用をサポートするのでしょうか．

それは，これらオンライン LaTeX エディタが単なる論文執筆のためのツールだけではなく，研究者のライフサイクルにおいてこれまで大学図書館がカバーしきれなかった論文執筆から投稿・出版のプロセスをサポートし，研究ワークフローのミッシングリンクを埋めることを期待できるから，と筆者は推測します．

[3] Overleaf for Institutions https://www.overleaf.com/for/universities

1.3 オンラインLaTeXエディタの代表格，Overleafに着目

本書では，オンラインLaTeXエディタのひとつである**Overleaf**に着目し，サービス概要や利用方法を解説します．**Overleaf**は他のオンラインLaTeXエディタに比べてユーザ数が多く，また学術出版社など外部機関や他の研究支援ツールとの連携も進んでおり，オンラインLaTeXエディタにおける代表的なサービスといえます．

Overleafは，国別でみれば米国，英国，ブラジルの順でユーザ数が多く，上位3か国で全体の約40%を占めている一方で，日本のユーザ数は全体の約1%に過ぎません▶．しかし，**Overleaf**で日本語を使って手軽に文書作成できること（3.4参照），2018年秋に正式リリースされた**Overleaf** v2はインタフェース言語を日本語に変更できること（3.11参照）などから，日本のユーザ数は着実に増加していると筆者は感じます．海外の研究者から「共同執筆は**Overleaf**で」と持ちかけられるケースも少なくないようで，**Overleaf**のユーザ数は国内外を問わず今後ますます広まっていくでしょう．

▶2017年2月現在．**Overleaf**創業者のジョン・ハマースリー氏から情報をいただいた．

本書は"初心者が気軽にLaTeX体験でき，**Overleaf**を使って手軽にLaTeX文書を作成できる入門書"として企画しました．LaTeXコマンドなどの詳細な解説は最小限にとどめられた，技術書ではないLaTeX本です．本書で物足りなくなるほどのLaTeXユーザになられた暁には，本書監修者である奥村晴彦氏の『LaTeX 2_ε 美文書作成入門』などを手に取って頂き，LaTeXのディープな世界を味わって頂ければ著者冥利に尽きます．

Microsoft Wordなど従来のライティング・ツールから，学術情報流通の既成概念を破壊しうる可能性を秘めたオンラインLaTeXエディタへ．

それでは**Overleaf**のディープな世界をご案内しましょう．

1章のまとめ

オンライン LaTeX エディタのユーザが増加

- 論文を執筆する際に利用するライティング・ツールといえば Microsoft Word，Google ドキュメント，LaTeX が上位 3 ツール．
- 一方で，近年相次いで登場したオンライン LaTeX エディタ **Overleaf**，Authorea のユーザも増えつつある．

オンライン LaTeX エディタを機関契約する大学図書館増加

- オンライン LaTeX エディタは，単なる論文執筆のためのツールではなく，研究者のライフサイクルにおいてこれまで大学図書館がカバーしきれなかった論文執筆から投稿・出版のプロセスをサポート．
- **Overleaf** Commons を導入している大学は，2017 年 2 月には 15 機関だったのが，2 年後の 2019 年 1 月には 3 倍以上の 54 機関に増加．

Overleaf はオンライン LaTeX エディタの代表格

- **Overleaf** は論文執筆に特化したツール．出版社の論文投稿システムなどとも連携して共同編集できる．数あるオンライン LaTeX エディタの中で一番人気．
- **Overleaf** のユーザ数を国別で見れば，米国，英国，ブラジルの順で，日本のユーザは全体の約 1% に過ぎないが着実に増加している．

column

LaTeX の始め方

LaTeX を学ぶための本は，たくさん出版されています．私も，『LaTeX 2_ε 美文書作成入門』という本の改訂版をほぼ 3 年ごとに出しています（最近のものは黒木裕介さんとの共著になっています）．最新のものは 2017 年の改訂第 7 版です（第 8 版が出るとしたら 2020 年ごろのはずです）．ほかにもたくさんの本がありますので，お好みの本を 1 冊，手許に置いておかれても損ではないと思います．

学術論文に限れば，もっと手っ取り早く LaTeX を使い始めるためには，学会や出版社の学術誌のスタイルファイルとサンプル文書，あるいは研究室の先生や先輩の書いた過去論文の LaTeX ファイル一式を譲り受け，まずはそれをそのまま PDF に変換する作業をやってみて，要領を飲み込みます．そのような雛形が見つからなくても，**Overleaf** にはいろいろな原稿フォーマット（例えば「情報処理学会論文誌テンプレート」）が用意されていますので，それらを使えば楽です（5.1.2 参照）．あとは，それを少しずつ手直しして，そのたびに PDF に変換してエラーが出ないことを確かめ，最終的に換骨奪胎（かんこつだったい）して自分の論文にしてしまいます．一度にたくさん変更してしまうと，エラーが出たときに原因を調べにくくなります．

共著論文であれば，共著者に LaTeX 経験者がいれば，ダミーの文書を作ってもらって，それを編集していきます．**Overleaf** を使えば，共著者とともに同じファイルを編集することができるので，エラーが出たときに助けてもらうのが楽です．

Markdown のような別のマークアップの仕組みを知っていれば，そちらを使って書いて，後で pandoc などのツールを使って LaTeX に変換することもできます．

いずれにしても，定型的な論文は，本書のような書籍と違って，自由度が少ないので，必要な LaTeX の技能は比較的簡単に習得できます．

一方，本書のような独自デザインの書籍を制作するには，出版社が LaTeX の専門家（本書の場合は啓文堂の宮川憲欣さん）をかかえているはずですので，専門家にお任せしましょう．

2章 Overleafの概要

本章では，オンラインLaTeXエディタの代表的なサービス**Overleaf**について詳述します．**Overleaf**の生い立ち，特徴的な機能，そしてバージョンやプランの相違についてまとめてあります．

本章を読み終えれば，**Overleaf**というサービスがどのようなものなのか，なぜ世界中の研究者などに利用されているのかをご理解頂けます．

2.1 Overleafとは

2.1.1 Overleafの生い立ち

図2.1 2015年，writeLaTeXは**Overleaf**に改名

Overleaf（旧称writeLaTeX）は，オンラインでLaTeXを編集・コンパイルできる共同ライティング・ツールとして，数理物理学の博士号を取得しているジョン・ハマースリー（John Hammersley）[1]らにより，2012年に英国で立ち上げられました．

2014年7月，writeLaTeXはそのサービス価値と将来性が評価され，イ

[1] John Hammersley (@DrHammersley) https://twitter.com/drhammersley

▶学術雑誌Natureなどを発刊している.

ギリスの出版社 Macmillan Publishers▶ の一部門である Digital Science 社から投資を受け，2015年1月にはサービス名を **Overleaf** に改名しました（図 2.1[2]).

2.1.2　約180か国・地域の290万人を超える研究者などが利用

図 2.2　2017年，**Overleaf** は ShareLaTeX を買収

2017年7月，**Overleaf** は競合サービスのひとつ ShareLaTeX を買収し（図 2.2[3]），2018年5月には **Overleaf** と ShareLaTeX の統合版 **Overleaf** v2（β版）をリリースしました．その後ユーザからのフィードバックを受けて改良が重ねられ，同年9月に **Overleaf** v2 を正式リリースしました．

現在，約180か国・地域の290万人を超える研究者や学生が利用し，2,100万件以上の論文などが **Overleaf** 上で作成されています[4].

Overleaf のマスコットキャラクターは，全身コーポレートカラー（緑色）のラバー・ダック（Rubber Duck）．アヒルの形をした玩具は Latex Rubber Duck と呼ばれゴム（Latex）を元に作られていることから，LaTeX の象徴として使われているのかもしれません．

2) The Next Chapter of the WriteLaTeX Story is Overleaf! https://www.digital-science.com/blog/news/the-next-chapter-of-the-writelatex-story-is-overleaf/
3) Exciting News — ShareLaTeX is joining Overleaf https://www.overleaf.com/blog/518-exciting-news-sharelatex-is-joining-overleaf
4) About https://www.overleaf.com/about

2.2 Overleaf の特徴

2.2.1 インストールいらずの LaTeX

■LaTeX 初心者でも，すぐに，直感的に使い始めることができる

LaTeX 初心者にとって最初の鬼門は，LaTeX 利用環境を構築することでしょう．自宅と研究室で違うパソコンを利用している場合やパソコンを買い換えた場合など，その度に TeX ディストリビューション▶ をインストールし，利用環境を構築する必要があります．

▶TeX の処理系（プログラム）や拡張マクロなど一式を集めたもの．TeX Live や MacTeX などがある．

Overleaf はインストールいらずの LaTeX です．

Overleaf の Web サイト（図 2.3[5]）にアクセスし，数分しかかからないアカウント登録を済ませれば，すぐに LaTeX を使い始めることができます（3.1 参照）．

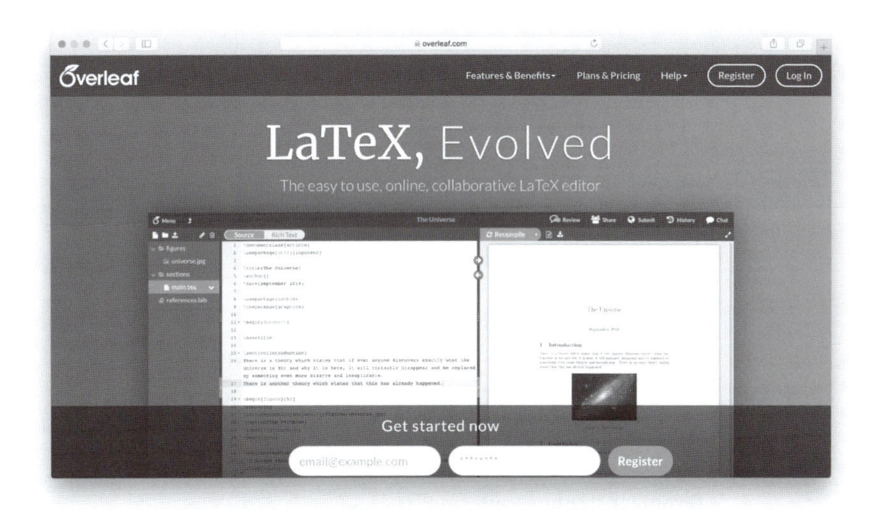

図 2.3　**Overleaf** の Web サイト

5) Overleaf, Online LaTeX Editor https://www.overleaf.com

Overleaf にはiOSやAndroid向けのアプリはありませんが，AppleのiPadや各社Androidタブレットでも，ブラウザから **Overleaf** にアクセスすることができます.

■Rich Text モードに切り替えできる WYSIWYG エディタ

論文を執筆する際に利用するライティング・ツールといえば，先ずMicrosoft Wordが挙げられます（1.1章参照）．そのため，WYSIWYG▶による文書作成に慣れてしまったLaTeX初心者にとって次なる障壁は，LaTeXのコマンドを書くことでしょう．

▶WYSIWYG（ウィジウィグ）とはWhat You See Is What You Getの略で，「見たままを得られる」という意味．文字の大きさや色などを入力しながら確認できる機能．

Overleaf を，使い慣れたWYSIWYGエディタに切り替えることができます．

Overleaf のインタフェースは大きく左右に分割されており，左画面にはSourceエディタ，右画面にはPDFビューアが用意されていま

229 If we think of this motion as a point moving around a spherically symmetric potential, like a marble in a bowl, then it is clear that this system is now stable to perturbations in the instanton's size. A small initial velocity for ρ sets up an oscillation around the initial value of ρ, but it will not increase indefinitely. The upper and lower bounds of the oscillation are proportional to the initial perturbation.

230

231 Generally, the dyonic instanton will oscillate in size with an amplitude, A, (Peeters:2001np)

232

$$\rho = \sqrt{A\sin(2|q|(t+t_0))) + \sqrt{\frac{l^2}{|q|^2} + A^2}}.$$

235 The smaller the initial angular velocity, the less angular momentum the instanton has and the closer it comes to zero size. The larger the initial change in size, the larger the amplitude of the oscillation and again the closer it will come to zero size. The instanton can oscillate out to arbitrary size for a sufficiently large initial $\dot{\rho}$ but will always turn around before reaching $\rho = 0$ for non-zero angular momentum.

236

237

238 {Dyonic instanton scattering} (sec:dyonic instanton scattering)

239

240 The presence of a potential in the effective action for dyonic instantons has a significant effect on their scattering behaviour. In this section we will explore how dyonic instantons behave during head-on collisions and with a non-zero impact parameter. The right angled scattering behaviour of instantons is replaced with a more complex dependence on the potential.

241

図2.4　Rich Text エディタの画面

す．数式や表などを伴わないテキスト入力であれば，Source エディタを Rich Text エディタに切り替えることで直感的に書くことができます（3.5.2 参照，図 2.4[6]）．

■Templates を使って書式設定から解放される

いざ論文を書き始めようとしても，まだ事前にやるべきことがあります．それは，原稿フォーマットの設定．投稿先のジャーナルや学会には，予め定められた原稿フォーマットがあり，LaTeX を使う場合は指定されたスタイルファイル▶ を設定する必要があります．

▶拡張子 .sty や .cls がつくファイル．

Overleaf には，Springer Nature などさまざまな学術出版社の原稿フォーマットなどをダウンロードできるテンプレート集 "Templates[7]" があります．そこから原稿フォーマットをダウンロードすれば，煩わしい書式設定などを省いて論文執筆に取り組めます（5.1 参照）．

Templates にはユーザがアップロードすることもできます（6.1 参照）．既に「情報処理学会（図 2.5）[8]」「日本バーチャルリアリティ学会」「人工知能学会」など日本語の原稿フォーマットが，ユーザによって Templates にアップロードされています．

2.2.2 様々な研究支援ツールと連携して，効率よく論文を執筆できる

■文献管理ツールと連携して参照文献を書く

Microsoft Word がライティング・ツールとして多くの研究者に利用されている理由のひとつに，文献管理ツールとの連携により参照文献を効率的に書けることがあります．LaTeX では，BibTeX を作成することで参照文献を書くことができますが，ひと手間かかります．

[6] Overleaf for Authors https://www.overleaf.com/for/authors
[7] Templates - Journals, CVs, Presentations, Reports and More https://www.overleaf.com/latex/templates
[8] 情報処理学会論文誌テンプレート（2018 年 11 月 6 日版より） IPSJ Journal template https://www.overleaf.com/latex/templates/qing-bao-chu-li-xue-hui-yan-jiu-bao-gao-falsezhun-bei-fang-fa-2018nian-10yue-29ri-ban/xmqtnxffwtvt

Overleafでは，Microsoft Wordでは簡単にできる文献管理ツール連携をすることができます．

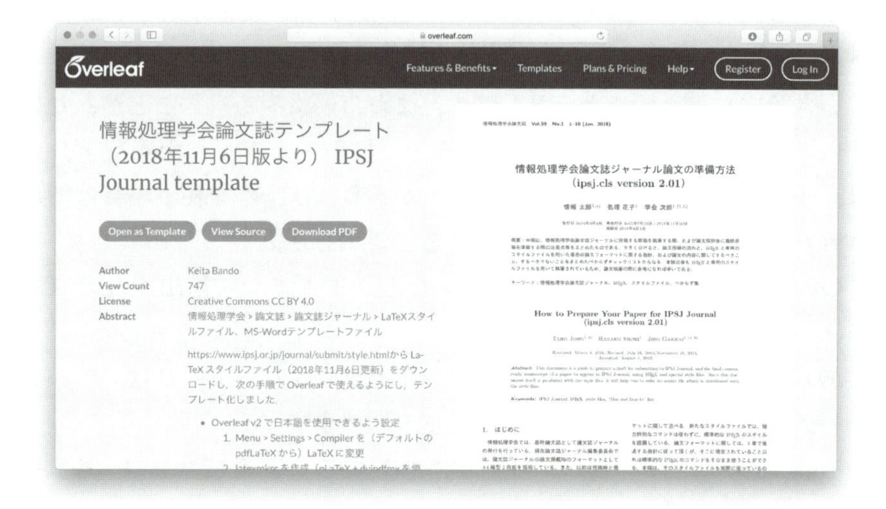

図 2.5　情報処理学会論文誌テンプレート（2018年11月6日版より）

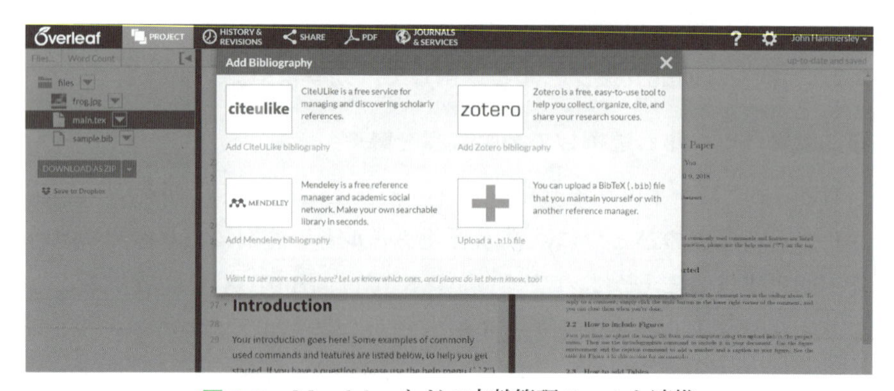

図 2.6　Mendeleyなどの文献管理ツールと連携

Overleaf が対応している文献管理ツールは，Mendeley と Zotero です（図 2.6[9]）．Mendeley には，ユーザ同士で文献情報を共有できるグループ機能があります．**Overleaf** は，Mendeley のグループ機能にも対応しているので，原稿も文献情報も Web で共有しながら共同執筆することができます（4.6.2 参照）．

▶**Overleaf** v1 では CiteULike も対応していましたが，執筆現在 **Overleaf** v2 では未対応．図 2.6 は，**Overleaf** v1 のスクリーンショット．

■数式入力だってカンタン，便利なアプリと連携

LaTeX を利用する理由のひとつに，数式を美しく表示できることが挙げられます．しかし，複雑な数式をコマンドラインで入力するのは LaTeX 初心者にとって容易ではありません．

Overleaf には数式を手軽に書くことができる心強い味方があります．

キャプチャーした画像から数式を読み取り LaTeX 形式に変換してくれるサービス Mathpix[10] を利用すれば，手軽に数式を書くことができます（図 2.7[11]，4.3.3 参照）．

▶Mathpix の恩恵は **Overleaf** ユーザに限らず，LaTeX ユーザ全員が受けられます．

2.2.3　Google ドキュメントのように文書共有できる

■共著者とコメントやチャットしながら共同執筆

Overleaf で作成した文書 “Project” は，共著者とコメント機能やチャット機能を利用しながらリアルタイムに共同執筆できます（図 2.8[12]，6.2.2 参照）．

Overleaf は「科学者向けの Google ドキュメント」とも呼ばれています[13]．

---

[9] Tip of the Week: Overleaf and Reference Managers https://www.overleaf.com/blog/639-tip-of-the-week-overleaf-and-reference-managers
[10] Mathpix Snip https://mathpix.com/
[11] Use Mathpix to Render LaTeX from Screenshots on Your Desktop and Handwritten Math From Your Notes https://youtu.be/Vmvb2_6b6Rc
[12] Try out Overleaf v2 https://www.overleaf.com/blog/641-try-out-overleaf-v2
[13] Macmillan invests in “Google Docs for researchers” firm WriteLaTeX https://gigaom.com/2014/07/23/macmillan-invests-in-google-docs-for-researchers-firm-writelatex/

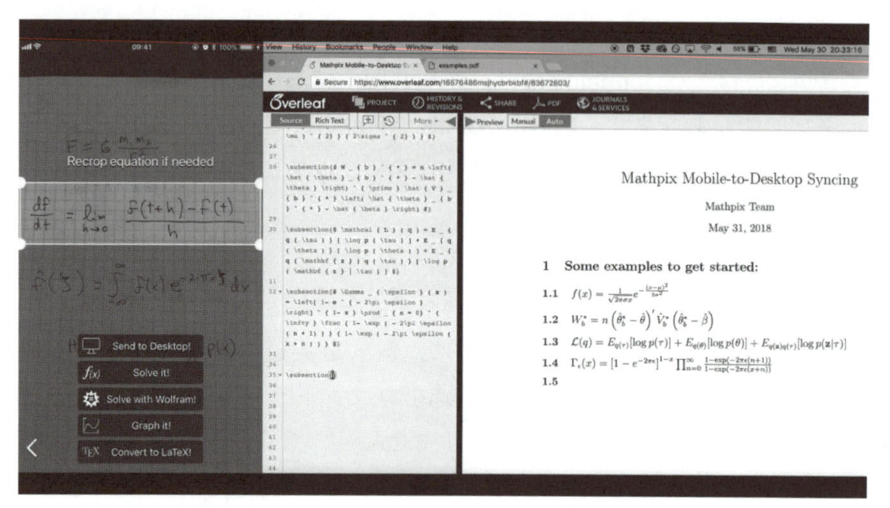

図 2.7　キャプチャーした画像から数式を読み取り LATEX 形式に変換してくれるサービス Mathpix と連携

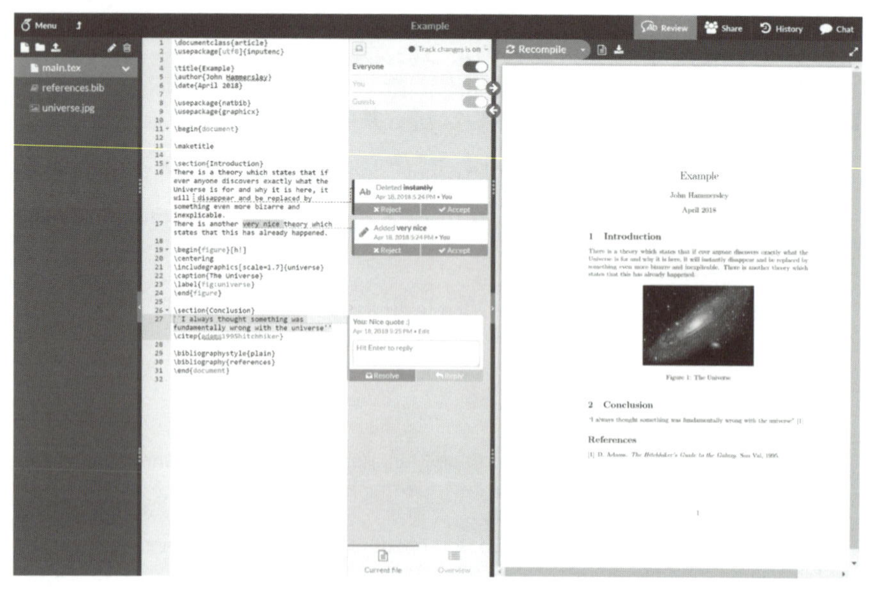

図 2.8　共著者とコメントし合いながら共同執筆

その理由は，**Overleaf** の共有対象は研究者のみならず学術出版社（編集者）まで対象として，執筆・校正・投稿といった研究ワークフローをシームレスに繋げる仕組みが備わっていることにあります．

■Overleaf から論文を投稿できる

Overleaf で書き終えた原稿を直接学術出版社へ投稿することができます（図 2.9[14]）．オープンアクセスジャーナル▶ の PeerJ や F1000Research の他，arXiv などのプレプリントサーバ▶ にも対応．執筆から投稿までの研究ワークフローをシームレスに繋げているのが，Google ドキュメントと似て非なる特徴です．

▶学術雑誌のうち，オンライン上で無料かつ制約無しで閲覧可能な状態に置かれているもの．

▶査読前の論文を，原稿が完成した時点で一足早く公開する際などに使用されるサーバ．

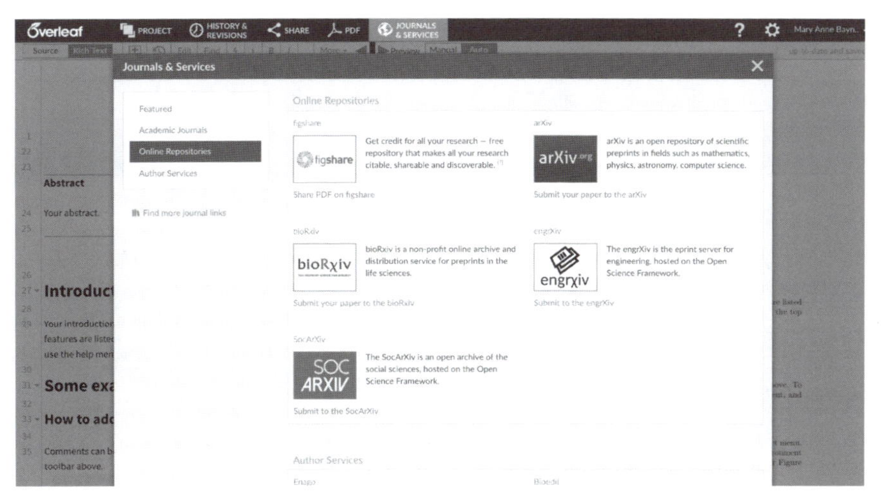

図 2.9　**Overleaf** から arXiv などへ論文を投稿できる

[14] Preprints are on the rise, and they're gaining in popularity on Overleaf! Here's how it works... https://www.overleaf.com/blog/460-preprints-are-on-the-rise-and-theyre-gaining-popularity-on-overleaf-heres-how-it-works-dot-dot-dot

Overleaf 上で書き終えた原稿は，画面最上位にあるメニューバーから投稿ボタンをクリックすることで，出版社の論文投稿システムに原稿と書誌情報が転送されます（図 2.10[15]）．出版社は Overleaf の画面でコメントを付けるなどの校正作業が可能となり，[return to author] をクリックすれば著者に査読結果の通知が届く仕組みとなっています．

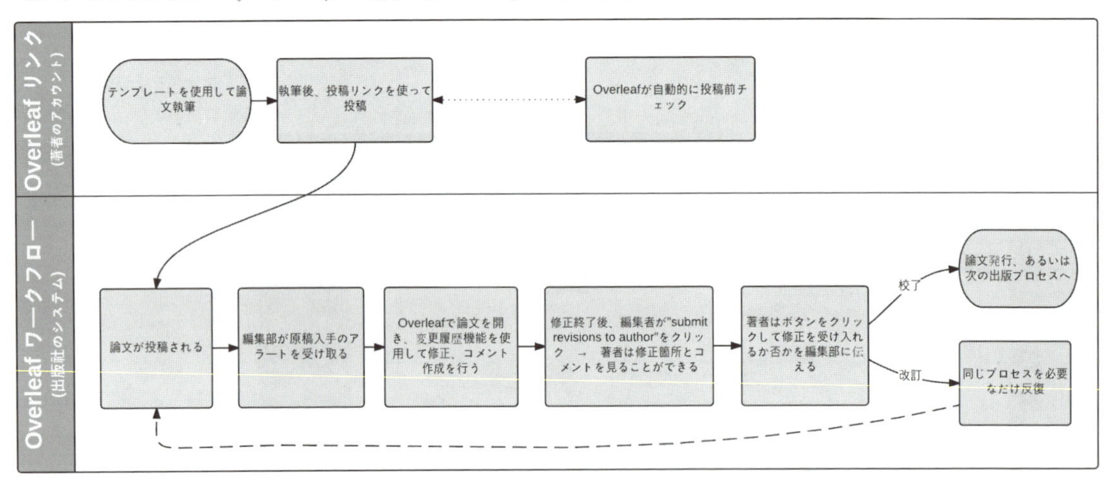

図 2.10　**Overleaf** と出版社の論文投稿プロセス統合を表したワークフロー図

15) オンライン LaTeX エディター“Overleaf”：論文投稿プロセスを変革する共同ライティングツール https://doi.org/10.1241/johokanri.60.43

2.3　2つのバージョンと3つのプラン

2.3.1　2つのバージョンの違いを理解する

Overleafには，2つのバージョン“**Overleaf** v1”▶と“**Overleaf** v2”があります（2.1.2参照）．

Overleaf v1	**Overleaf**の初期版
Overleaf v2	**Overleaf**とShareLaTeXが統合された最新版

▶v1を省略したり，旧**Overleaf**と表記する場合もある．

以下に2つのバージョンの主な相違点をまとめました（表2.1）．

Overleaf v2が**Overleaf** v1に勝る主な点は次の3つです．

① TeXディストリビューションが最新（TeX Live 2017）

② コラボレーション機能（コメント，チャット）強化

③ 動作が軽快

しかし，2019年1月に**Overleaf** v1はサービスを終了しました．

本項以降では，**Overleaf**と表記されていれば**Overleaf** v2を示します．

2.3.2　3つのプランの違いを理解する

Overleafには3つのプランがあります（表2.2）[16]▶．

Personal プラン	無料．1人と共有でき，基本的な機能を利用できる．
Collaborator プラン	月額15ドル．10人と共有でき，全ての機能を利用できる．
Professional プラン	月額30ドル．共有人数の制限なく全ての機能を利用できる．

▶**Overleaf** v1では，Collaboratorのことを Pro，Professionalのことを Pro+と呼んでいました．また，**Overleaf** v1には容量制限（無料プランは最高1GB，Proは10GB，Pro+は20GB）がありましたが，**Overleaf** v2では撤廃されました．

[16] Plans and Pricing https://www.overleaf.com/user/subscription/plans

先ずは無料のPersonalプランを使ってみて，共同編集できる人数を増やしたり，他サービスと連携したくなれば，有料のCollaboratorプラン（またはProfessionalプラン）へアップグレードすれば良いでしょう．

表2.1　2つのバージョンの主な相違点

	Overleaf v1	Overleaf v2
TeX ディストリビューション	TeX Live 2016	TeX Live 2017
選択可能な LaTeX エンジン	LaTeX dvipdf pdfLaTeX XeLaTeX LuaLaTeX	pdfLaTeX LaTeX XeLaTeX LuaLaTeX
コラボレーション機能：チャット	✗	✔
コラボレーション機能：コメント	✔	✔
オートコンパイル機能	✔	✔
文献管理ツール対応	✔	✔
文献検索キー	✔	✔
Git bridge機能	✔	✔
GitHub連携	✗	✔
Dropbox連携	✔	✔
学術出版社の論文投稿システム連携	✔	✔

表2.2 3つのプラン比較表

	Personal プラン	Collaborator プラン	Professional プラン
価格	無料	月額15ドル または 年額180ドル	月額30ドル または 年額360ドル
共同編集できる人数	1人	10人	制限なし
プライベート Projectを 制限なく作成	✔	✔	✔
リアルタイムに 共同編集する	✔	✔	✔
Templatesの利用	✔	✔	✔
LaTeXエディタの 様々な機能	✔	✔	✔
参照文献の詳細検索	✗	✔	✔
文献管理ツール連携	✗	✔	✔
全ての変更履歴を管理	✗	✔	✔
Dropbox連携	✗	✔	✔
GitHub連携	✗	✔	✔
優先的なサポート	✗	✔	✔

いわゆる学割プラン "Studentプラン" があり，学生の場合は半額（月額8ドルまたは年額80ドル）でCollaboratorプランを利用できるようになります．ただし，共有できる人数は6人までに制限されます（Collaboratorプランは10人）．

2章のまとめ

Overleafなら，LaTeX 初心者でも，すぐに，直感的に使い始めることができる

- ☑ LaTeX 利用環境構築不要．サインインすればすぐにLaTeX を使い始めることができる．
- ☑ LaTeX のコマンドを調べたり覚えたりしなくても安心．Rich Text エディタで文書作成できる．
- ☑ Templates を使えば，煩わしい原稿フォーマット設定不要．

様々な研究者向けツールと連携して効率よく論文を執筆

- ☑ 文献管理ツール Mendeley や Zotero と連携して参照文献を効率的に書ける．
- ☑ キャプチャーした画像から数式を読み取りLaTeX 形式に変換してくれる Mathpix を利用すれば，手軽に数式を書くことができる．

Google ドキュメントのように文書を共有できる

- ☑ 共著者と共有機能（コメント，チャット）を活用してリアルタイムに共同執筆できる．
- ☑ Personal プランは共有できる人数が1人．Collaborator プランにアップグレードすれば最大10人と共有できる．

column

Collaborator プランが無料になる Overleaf Commons

Overleaf には機関向けサービス "**Overleaf** Commons" があります．スタンフォード大学（図 2.11）など 54 機関が「**Overleaf** Commons」を契約しており，その機関に所属している全ての学生や教職員が有料の Collaborator プランを無料で利用できます．例えばマッコーリー大学（オーストラリア）では，約 4 万人の学生と約 3 千人の教職員がその恩恵を受けているとのこと．

図 2.11　スタンフォード大学の **Overleaf** Commons の Web ページ

所属機関の図書館宛てに「**Overleaf** Commons を契約して！」とリクエストする用紙もあります（https://www.overleaf.com/for/universities）．全文英語のリクエスト用紙ですが，氏名やメールアドレスを記入して提出するだけです．

3章 Overleafの基本的な使い方

本章では，**Overleaf**を初めて利用する方向けに，**Overleaf**へのアカウント登録方法から新規に文書を作成する方法までを解説しました．

3章のメインコンテンツは，**Overleaf**で日本語を使えるようにするための解説です▶．ここに書いてあるコツを掴めば，海外のサービスである**Overleaf**への抵抗感は払拭され，**Overleaf**で日本語の文書を書きたい衝動に駆られるでしょう．

▶メインコンテンツは，本書協力者の寺田侑祐さんにご協力頂きました．

3.1 アカウント登録する

3.1.1 メールアドレスでアカウント登録する

Overleafを利用するためには，あなたのメールアドレスとパスワードをアカウント登録する必要があります▶．

トップページ（またはトップページのメニューバー）にある [Register] をクリックしてアカウント登録画面を表示します（図3.1）．

メールアドレス▶とパスワードを入力し，[Register using your email] をクリックします．

画像認証が表示された場合は指示に従って画像を選択し，画像の選択に誤りがなければ，このまま自動的に**Overleaf**へログインします．

▶メールアドレスを使ってアカウント登録する以外に，GoogleやORCIDのアカウントで認証する方法もあります．

▶チェックボックスにチェックを入れると，アカウント登録したメールアドレス宛てに**Overleaf**から製品情報などのお知らせが届きます．

3.1.2 アカウント登録の確認手続きをする

アカウント登録したメールアドレス宛に**Overleaf**から確認メールが届きます（図3.2）．メール本文にある [Confirm Email] をクリックして確認手続きを完了させます．

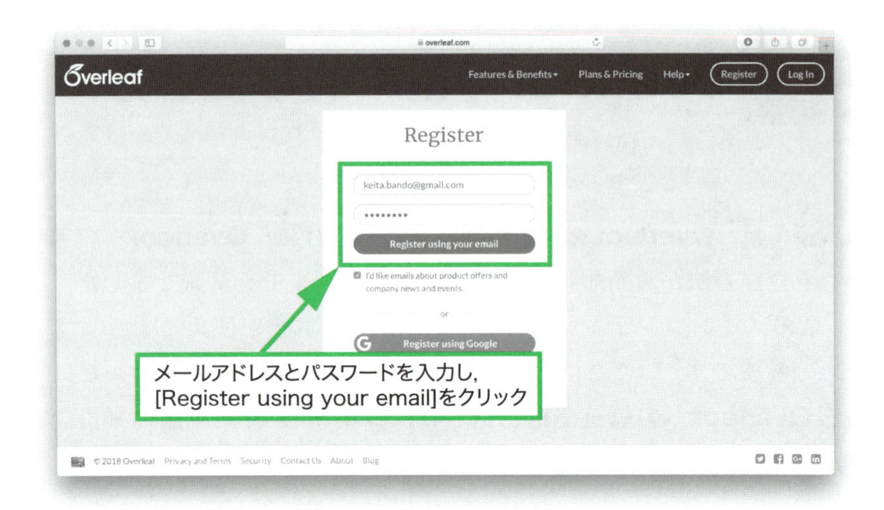

図 3.1　アカウント登録画面

以上でアカウント登録は完了です.

3.2　ログイン，ログアウトする

3.2.1　ログインする

https://www.overleaf.com/ にアクセスし，画面右上にある [LogIn] をクリックします．アカウント登録したメールアドレスとパスワードを入力し，[Log in with your email] をクリックしてログインします（図 3.3）．Google や ORCID などでアカウント登録した場合は該当のボタンをクリックしてログインします▶.

▶Overleaf v1 では Twitter や IEEE で認証することができたため，その名残でそれらの認証ボタンも用意されています.

3.2.2　ログアウトする

画面右上にある [Account] → [LogOut] を選択して，ログアウトします（図 3.4）.

図 3.2　アカウント登録確認メール

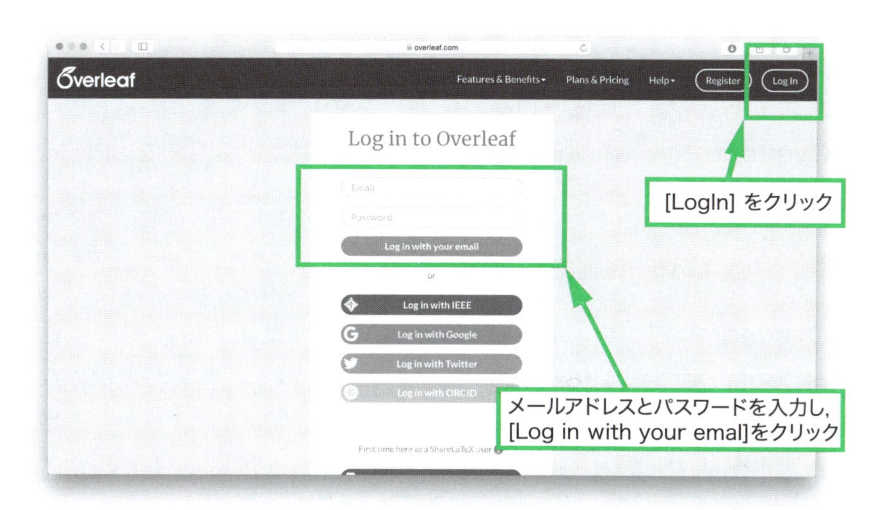

図 3.3　ログイン画面

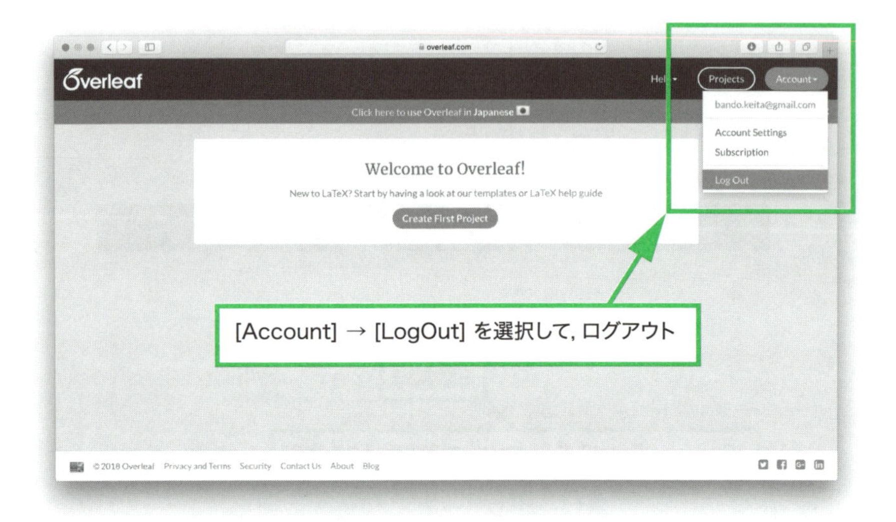

図 3.4　ログアウトの操作手順

3.3　Project を作成する

3.3.1　Project とは

Microsoft Word であれば，新しく文書を書こうとする場合，ファイルメニューから新規作成（白紙の文書）をクリックします．

Overleaf では，Microsoft Word の文書に相当するものを “Project” と呼びます．

3.3.2　新しい Project を作成する

Overleaf のアカウント登録が済んだら，ログイン後に初めて見る **Overleaf** の画面には [Create First Project] というボタンが表示されています（図 3.5）．これをクリックして，プルダウンメニューから一番上にある [Blank Project] を選択することで，新しい Project を作成することができます．

既に Project を作成済みの場合，画面左にある [New Project] をクリッ

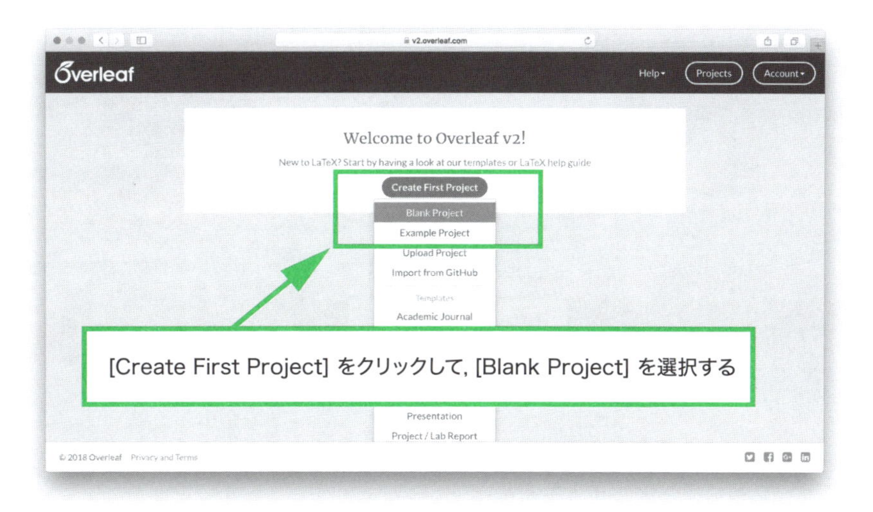

図 3.5　新しい Project を作成する操作手順①

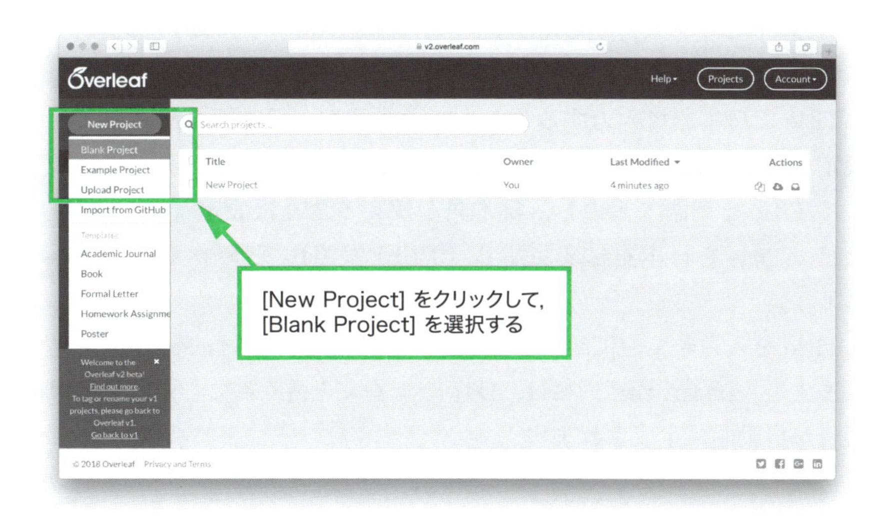

図 3.6　新しい Project を作成する操作手順②

クすることで新しい Project を作成することができます（図 3.6）.

[Blank Project]（または [New Project]）をクリックすると，Project

図 3.7　Project の Title を入力するポップアップ画面

の名称 "Title" を入力するポップアップ画面が表示されます（図 3.7）.

Title は英語で入力します.

Title を日本語で入力することもできますが，日本語を使えるように設定しなければ，コンパイルエラーとなります．少々面倒ですが，先ずは Title を英語で入力し，日本語が使えるように設定（3.4 参照）した後，Title を日本語に変更する（3.10.1 参照），という手順が良いでしょう.

Title を入力して，[Create] をクリックすると，`main.tex` が生成されます▶．`main.tex` 内には，LaTeX で論文を書く為に必要な最低限の項目が自動的に生成されます.

▶Title を入力せずに [Create] をクリックすると，Title は「New Project」になります.

新規 Project の main.tex に自動生成される文書

```
\documentclass{article}
\usepackage[utf8]{inputenc}

\title{New Project} % Title は title コマンドに自動挿入される
\author{keitabando } % アカウント登録した名前が自動挿入される
\date{August 2018} % Project を作成した日付が自動挿入される

\begin{document}

\maketitle

\section{Introduction}

\end{document}
```


3.3.3 Project のインタフェース概要

■プロジェクト編集画面

Project を編集する画面（以下，プロジェクト編集画面）は，画面上位にメニューバーがあり，画面中央は 3 つのフレームで構成されています（図 3.8）．

フレーム	説明
左フレーム	フォルダ/ファイル一覧
中フレーム	Source エディタまたは Rich Text エディタ
右フレーム	PDF ビューア

本項以降では，説明欄の表記を使って解説します．

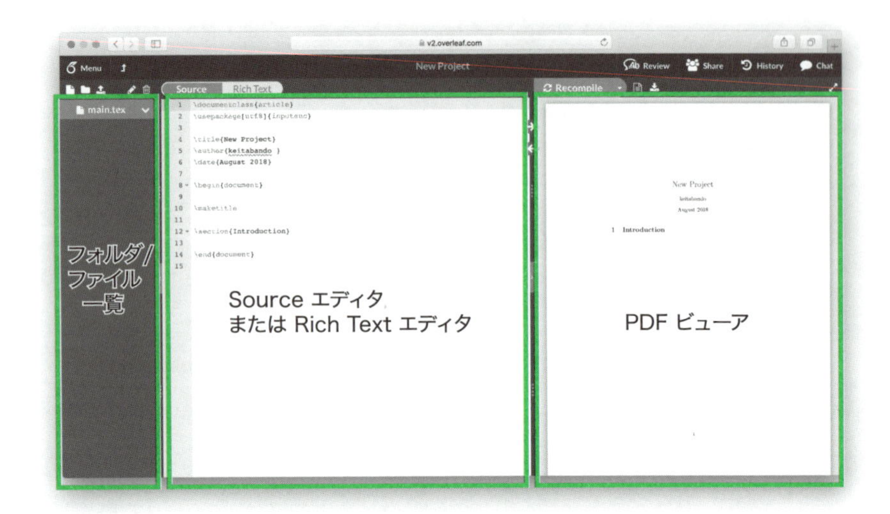

図 3.8　プロジェクト編集画面

■プロジェクト管理画面

Project を管理する画面（以下，プロジェクト管理画面）は，メニューバーと 2 つのフレームで構成されています（図 3.9）．

プロジェクト管理画面では，Project の Title 変更，コピー作成などの各種操作を行うこともできます．

フレーム	説明
左フレーム	Project フォルダ一覧
中フレーム	Project タイトル一覧

本項以降では，説明欄の表記を使って解説します．

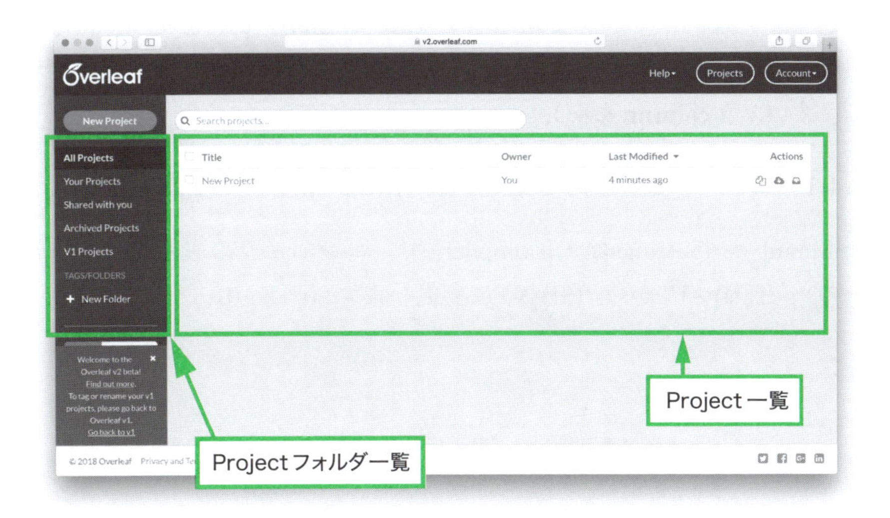

図 3.9　プロジェクト管理画面

3.4 pLaTeX や upLaTeX で日本語を使う

Overleaf は，バックグラウンドで TeX Live 2017 が動いています．つまり，日本語用に開発された LaTeX エンジンである pLaTeX や upLaTeX も入っており，日本語を用いた和文文書も作れます．但し，本稿執筆時点ではこれらはコンパイラが選択リストにないため，和文文書を作成するには事前設定（3.4.1，3.4.2 参照）が必要となります．

▶JIS X 0208 規格（JIS 第 1・第 2 水準文字）対応の日本語用 LaTeX エンジン．

▶Unicode 対応の日本語用 LaTeX エンジン．漢字・かな・CJK（日中韓）記号・ハングルを，Unicode の範囲で扱える．

pLaTeX と upLaTeX どちらの日本語用 LaTeX エンジンを使うか迷う場合は，upLaTeX のご利用をお勧めします．理由は，upLaTeX なら環境依存文字（丸数字（①②③）や特殊記号（☃））など）をそのままソースに扱え，また漢字が JIS X 0208 規格に入っているか否かを意識せずに済むためです．

ただし，投稿先のジャーナルや学会誌で使用する LaTeX エンジンが規定されている場合は，それに従ってください．

他に，先進的エンジンである XƎLaTeX や LuaLaTeX を使って日本語組版を実現するという手もあり，その場合はより簡単な日本語設定で済みます（3 章 **column** 参照）.

3.4.1 コンパイラの設定を変更する（pdfLaTeX → LaTeX）

[Menu] → [Settings] → [Compiler] で，コンパイラの設定をデフォルトの "pdfLaTeX " から "LaTeX" に変更します（図 3.10）.

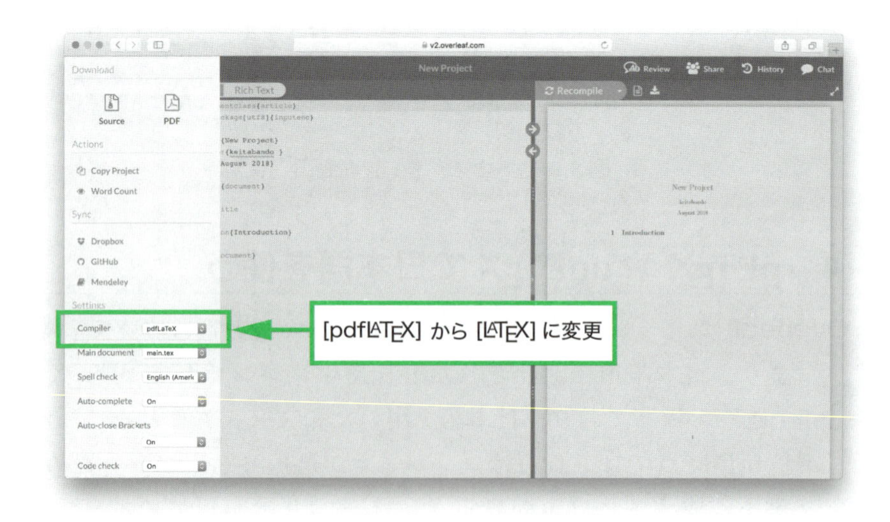

図 3.10　コンパイラの設定を変更

3.4.2 latexmkrc ファイルを追加する

▶`latexmkrc` ファイルとは，LaTeX のタイプセットを自動的に実行してくれるツール `latexmk` の設定ファイル.

`latexmkrc` ファイルを作成し▶，そこにコンパイルの設定について書くことで，**Overleaf** で pLaTeX や upLaTeX を使ってコンパイルできるようになります.

左フレームから [New File] をクリックします（図 3.11）．

[File Name] を，デフォルトの name.tex から latexmkrc ▶ に書き換え，[Create] ボタンをクリックします（図 3.12）．

▶ latexmkrc.tex ではありません．latexmkrc としてください（.tex は付かない）．

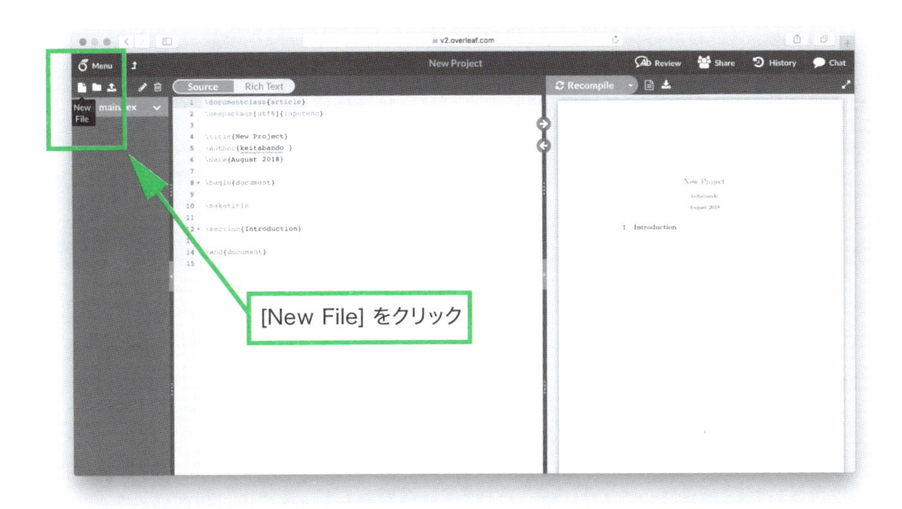

図 3.11　新しいファイルを作成

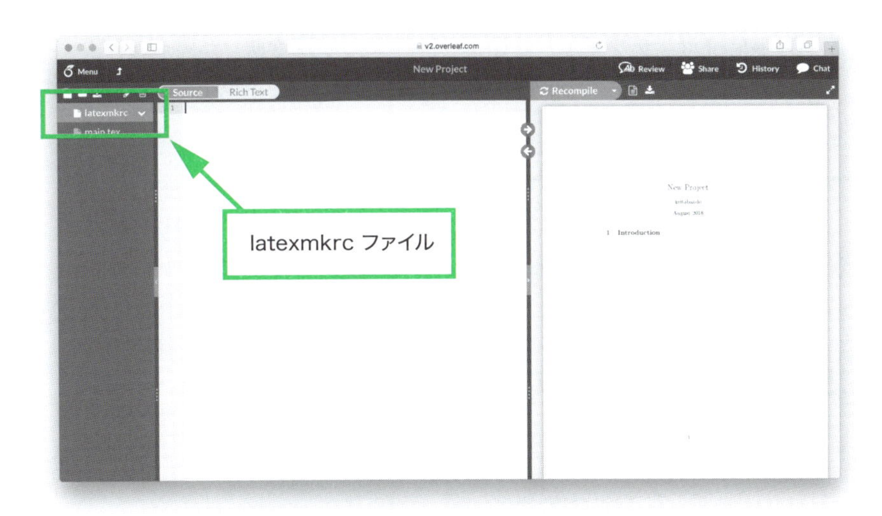

図 3.12　latexmkrc ファイル作成

latexmkrc ファイルに，次の通り書きます．

upLaTeX の場合

```
$ENV{'TZ'} = 'Asia/Tokyo';
$latex = 'uplatex';
$bibtex = 'upbibtex';
$dvipdf = 'dvipdfmx %O -o %D %S';
$makeindex = 'mendex -U %O -o %D %S';
$pdf_mode = 3;
```

pLaTeX の場合

```
$ENV{'TZ'} = 'Asia/Tokyo';
$latex = 'platex';
$bibtex = 'pbibtex';
$dvipdf = 'dvipdfmx %O -o %D %S';
$makeindex = 'mendex %O -o %D %S';
$pdf_mode = 3;
```

Overleaf は，デフォルトで GMT（グリニッジ標準時）が表示されます．これをローカル（日本）のタイムゾーンに変更するためには，latexmkrc ファイルに次の通り書きます．

```
$ENV{'TZ'} = 'Asia/Tokyo';
```

以上で，**Overleaf** で日本語を使えるようにする設定は完了です．

3.5 Overleaf で文書を書く

main.tex に，Source エディタで日本語を入力します．

日本語を使えるように設定後，日本語を入力

```
\documentclass{article}
\usepackage[utf8]{inputenc}

\title{新しいプロジェクト} % 日本語を入力
\author{坂東慶太} % 日本語を入力
\date{2018年8月} % 日本語を入力

\begin{document}

\maketitle

\section{はじめに} % 日本語を入力

\end{document}
```

macOS 上の Google Chrome で **Overleaf** を使うと，Source エディタでカーソル位置がズレる問題が発生することがあります．その場合，次のいずれかを設定すれば問題は解消されます．

① Google Chrome：[環境設定] → [フォントをカスタマイズ] → [固定幅フォント] で，“Osaka” を “Monaco” に変更．

② **Overleaf**：[Menu] → [Settings] → [Font Family] で，“Default” を “Monaco” に変更．

3.5.1 Source エディタを全画面表示に切り替える

Source エディタを全画面表示に切り替える場合，Source エディタと PDF ビューアの境界線中央付近にある [Click to hide the PDF] をクリックします（図 3.13）．

元に戻す場合，Source エディタの右端中央付近にある [Click to show the PDF] をクリックします（図 3.14）．

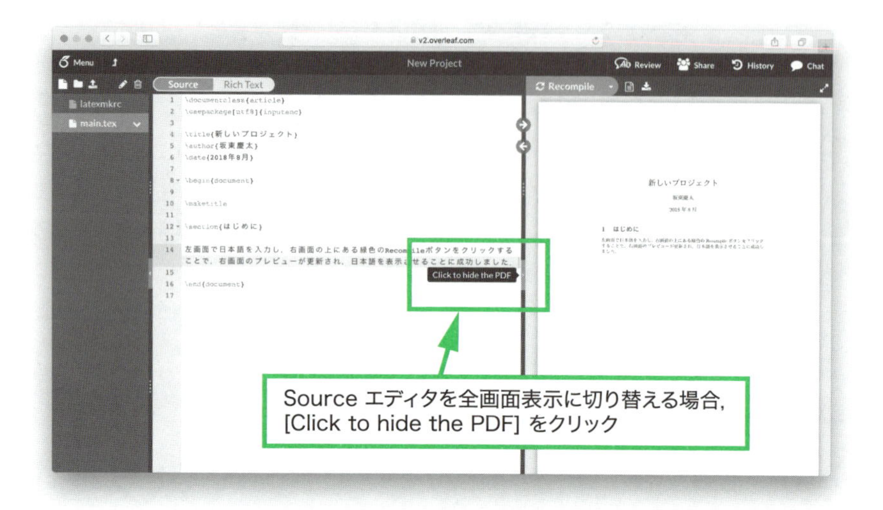

図 3.13　Source エディタを全画面表示に切り替え

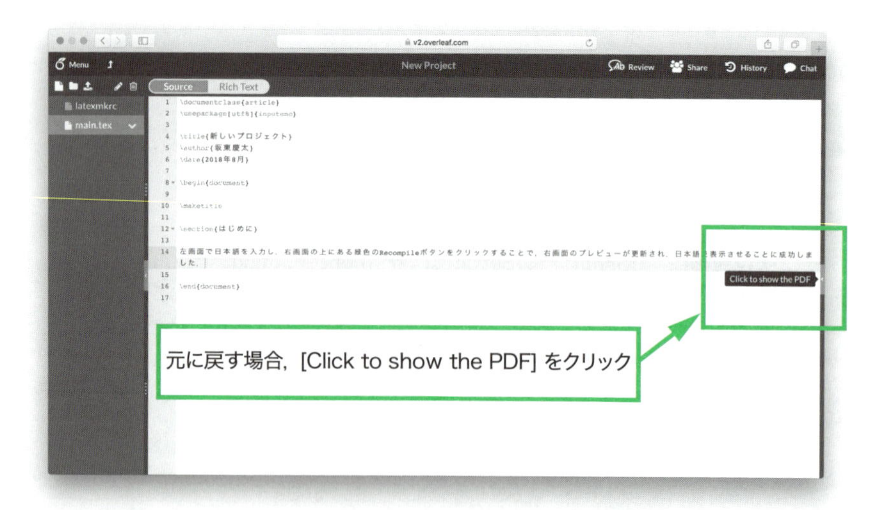

図 3.14　全画面表示の Source エディタを元に戻す

3.5.2　Rich Text エディタで編集する

Source エディタの画面上部にある [Rich Text] をクリックすると，エディタモードを Source エディタから “Rich Text エディタ” に切り替えることができます（図 3.15）.

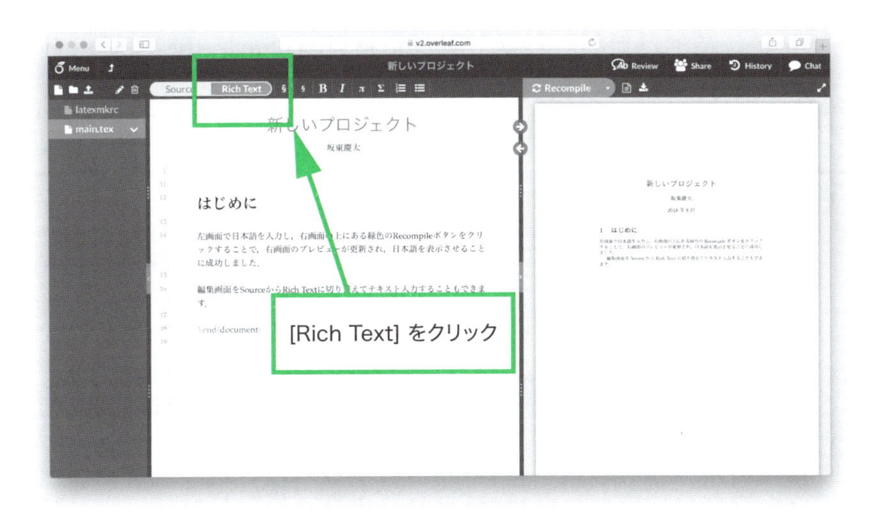

図 3.15　エディタモードを Source エディタから Rich Text エディタに切り替え

その際，[Source | Rich Text] 切り替えボタンの並びには，以下の入力補助機能が表示されます.

説明（英）	入力補助機能の説明
Insert Section Heading	見出し（節）を挿入
Insert Subsection Heading	見出し（章）を挿入
Format Bold	太字
Format Italic	斜体
Insert Inline Math	文書内に数式を挿入
Insert Numbered List	番号付きリストを挿入
Insert Bullet Point List	箇条書きを挿入

3.6 コンパイルして，プレビューを表示する

3.6.1 コンパイルして，プレビューを表示する

PDF ビューアの上部にある [Recompile (Recompile the PDF)] をクリックすると，コンパイルされ，PDF ビューアにコンパイル結果がプレビュー表示されます（図 3.16）．

Recompile(Recompile the PDF) のホットキーは，⌘ (Command) + Enter (Windows の場合は Ctrl + Enter）です．

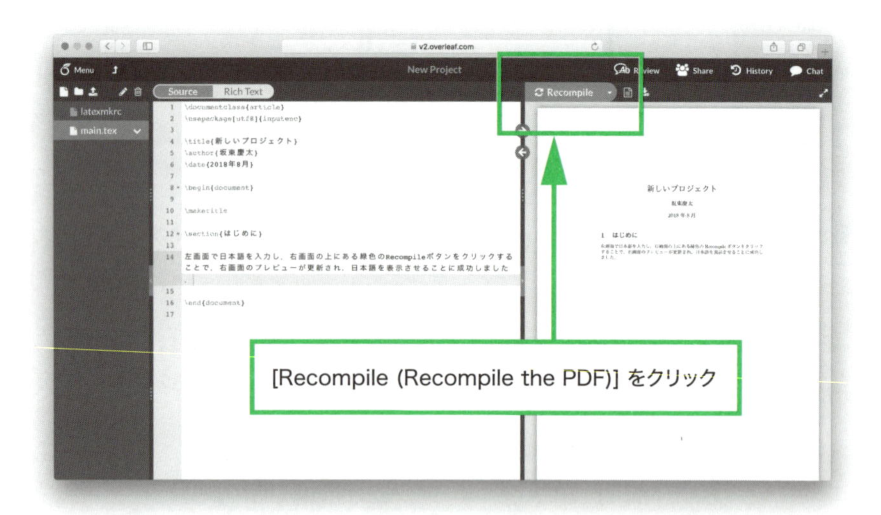

図 3.16 PDF ビューアにコンパイル結果がプレビュー表示

コンパイルをキャンセルする場合，[Recompile (Recompile the PDF)] の右側にある□（[Stop compilation]）ボタンをクリックします（図 3.17，図 3.18）．

図 3.17　コンパイルをキャンセル

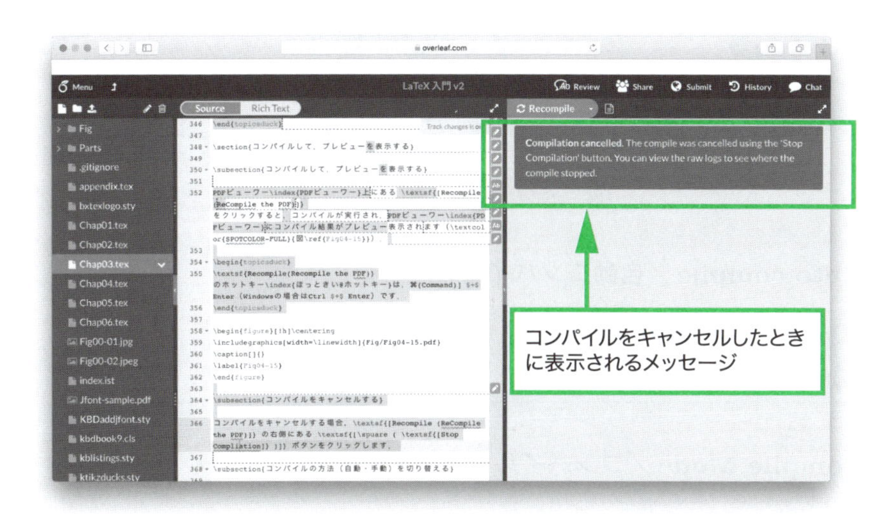

図 3.18　コンパイルキャンセル後

3.6.2　コンパイルの方法（自動，手動）を切り替える

コンパイルの方法を詳細に設定することができます．

設定を変更するには，[Recompile the PDF] にある「▽」をクリックしてプルダウンメニューを表示します（図3.19）．

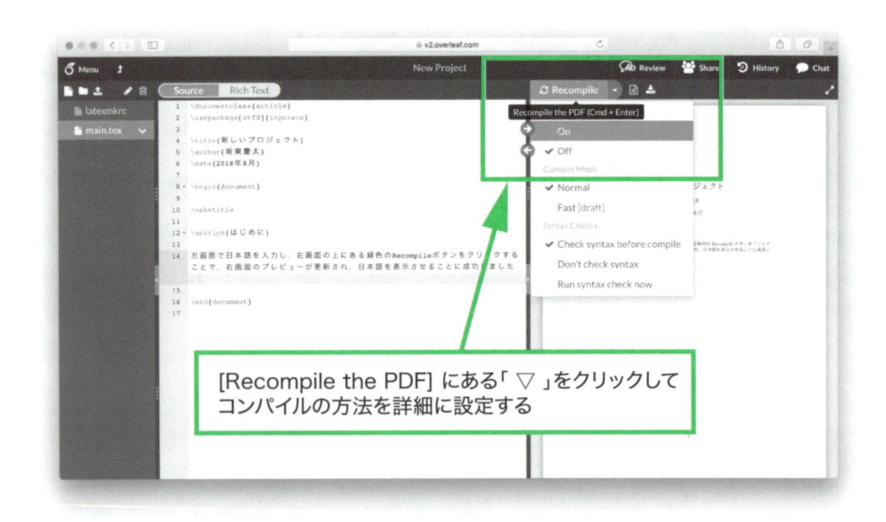

図3.19　コンパイルの方法を詳細に設定できる

Auto compile／自動コンパイルの設定

On	リアルタイムにコンパイルする
Off	手動でコンパイルする

Compile Mode／コンパイル・モードの設定

Normal	普通の速さ
Fast [Draft]	速い（開発途中）

Syntax Checks ／構文チェックの設定

Check syntax before compile	コンパイル後に構文チェックする
Don't check syntax	構文チェックしない
Run syntax check now	リアルタイムに構文チェックする

コンパイルにはタイムアウト制限が設けられています．Personal プランの場合は 1 分，Collaborator/Professional プランの場合は 4 分です．

3.6.3 PDF ビューアを全画面表示に切り替える

PDF ビューアを全画面表示に切り替える場合，PDF ビューアの右上にある矢印 [Full screen] をクリックします（図 3.20）．

元に戻す場合，同じ場所にある矢印 [Split screen] をクリックします（図 3.21）．

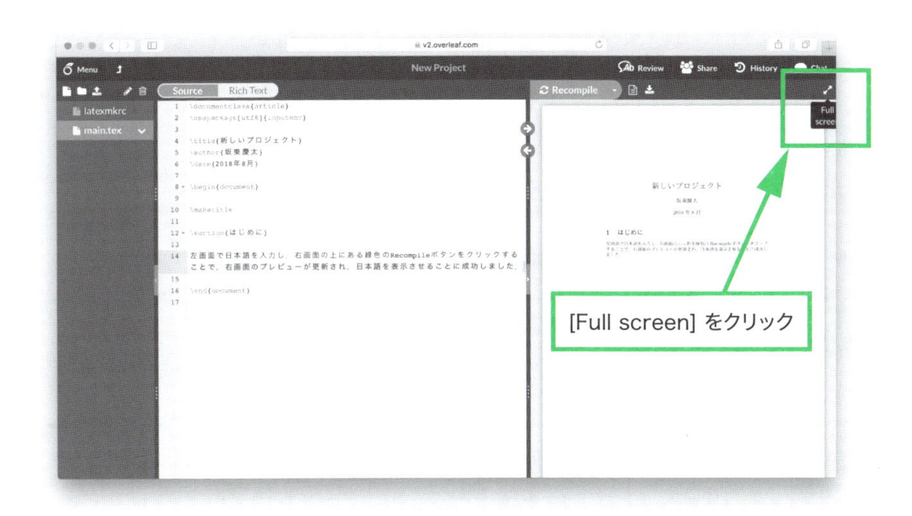

図 3.20 PDF ビューアを全画面表示に切り替える

図 3.21 全画面表示の PDF ビューアを元に戻す

3.7 長文を作成した際に使える便利な 3 つの機能

3.7.1 ソース内の文字列などを検索および置換する

ソース内の文字列などを検索および置換する場合，ホットキー ⌘ (Command) + F（Windows の場合は Ctrl + F）を操作してダイアログボックスを表示します（図 3.22）．

3.7.2 Go to location 機能

Overleaf 公式には正式名称がないため，本書では "Go to location 機能" と名付けました．"Sync/TeX" と呼ばれる，Source エディタと PDF ビューワとの間での相互ジャンプを実現する機能を指します．

Source エディタで任意の箇所にカーソルを置き，Source エディタと PDF ビューアの境界線上部にある右矢印（→） [Go to code location in PDF] をクリックすると，Source エディタ内にカーソルを置いたページが，PDF ビューアには該当箇所に対応したページが表示されます（図 3.23）．

Source エディタと PDF ビューアの境界線上部に [Go to code location in PDF] が見つからない場合，[Menu] → [Settings] → [PDF Viewer] で "Native" を "Built In" に変更してください（デフォルト設定は "Built In"）.

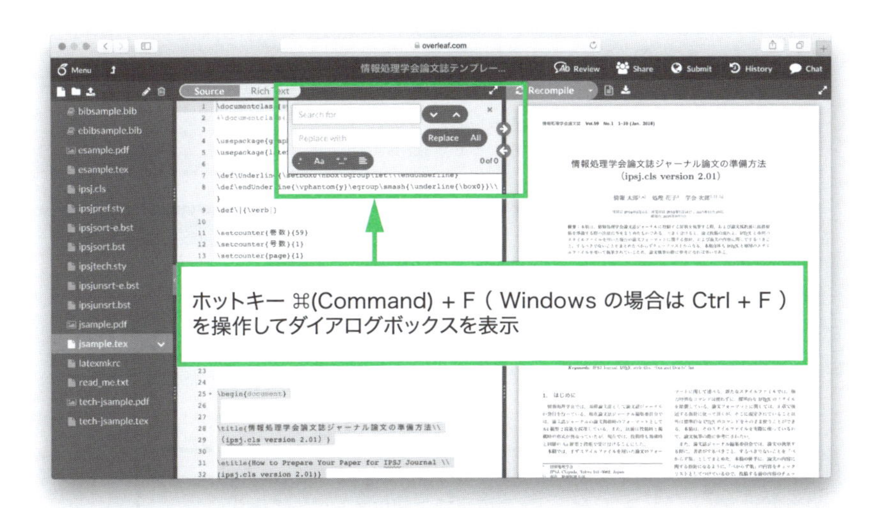

図 3.22　ソース内の文字列などを検索および置換する

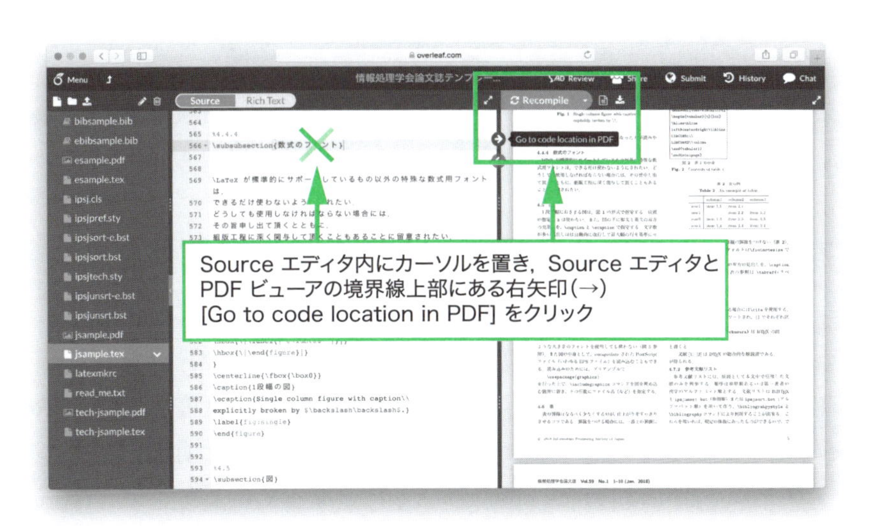

図 3.23　Source エディタ内にカーソルを置いたページが PDF ビューアに表示

逆の操作もできます.

PDFビューアで任意の箇所にカーソルを置き，ダブルクリック（またはSourceエディタとPDFビューアの境界線上部にある左矢印（←）[Go to PDF location in code]をクリック）すると，PDFビューア内にカーソルを置いたソース箇所がSourceエディタ内の該当箇所にジャンプします（図3.24）.

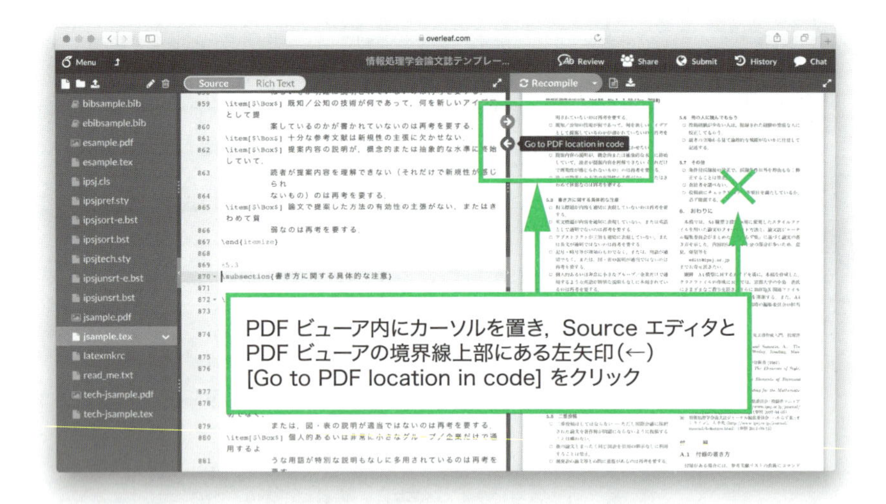

図3.24　PDFビューア内にカーソルを置いたソース箇所がSourceエディタに表示

3.7.3　Track changes機能

Track changes機能を利用するためには，有料プランCollaboratorプランにアップグレードする必要があります（付録2参照）.

Track changes機能を利用する場合，プロジェクト編集画面から[Review]をクリックしてダイアログボックスを表示します（図3.25）.

デフォルト設定は[Track changes is off]となっています."Everyone"

または “You” をアクティブにすると，ソースの変更履歴追跡を開始します（図 3.26）．

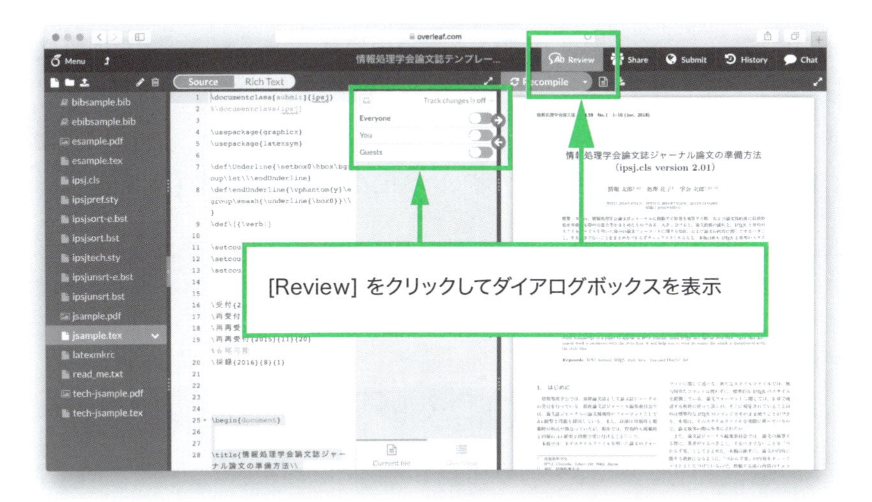

図 3.25　Track changes 機能（デフォルト設定は [Track changes is off]）

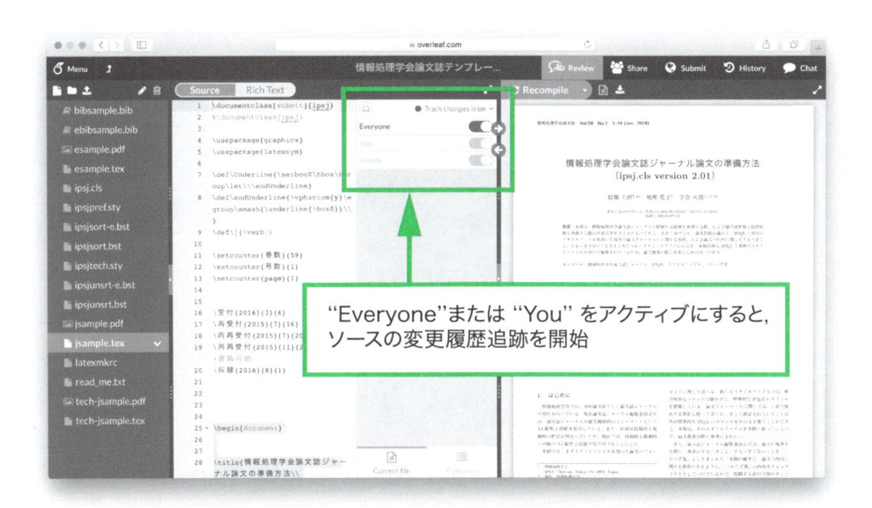

図 3.26　Track changes 機能の設定変更

3.8 Project を PDF 形式または ZIP 形式でダウンロードする

3.8.1 Project を PDF 形式でダウンロードする

PDF ビューアで表示されている文書の完成イメージを，PDF 形式でダウンロードできます．

その場合，[Menu] → [Download] → [PDF]（図 3.27）を選択するか，PDF ビューアの上部にあるアイコン [Download PDF]（図 3.28）をクリックします．

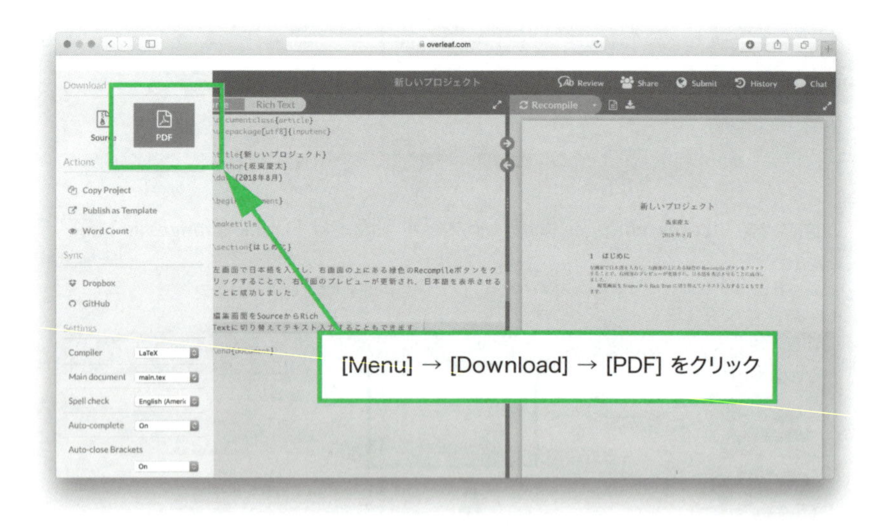

図 3.27　Project を PDF 形式でダウンロード①

3.8.2 Project を ZIP 形式でダウンロードする

Project を構成しているファイルすべてを，圧縮（ZIP 形式）ファイルでダウンロードできます．

その場合，[Menu] → [Download] → [Source]（図 3.29）をクリックす

図 3.28　Project を PDF 形式でダウンロード②

るか，プロジェクト管理画面で Project を選択し，アイコン [Download] をクリックします（図 3.30 または図 3.31）.

3.9　Project を閉じる

Project を閉じるには，[Menu] 右側にある上矢印アイコン（↑）をクリックします.

クリック後は，プロジェクト管理画面に遷移します.

3.10　Project を管理する

3.10.1　Project の Title を変更する

プロジェクト管理画面で，Project の Title を変更できます.

プロジェクト管理画面で，Project の Title 左側にあるチェックボックスにチェックを入れると，[Search projects...] の右側に各種操作アイ

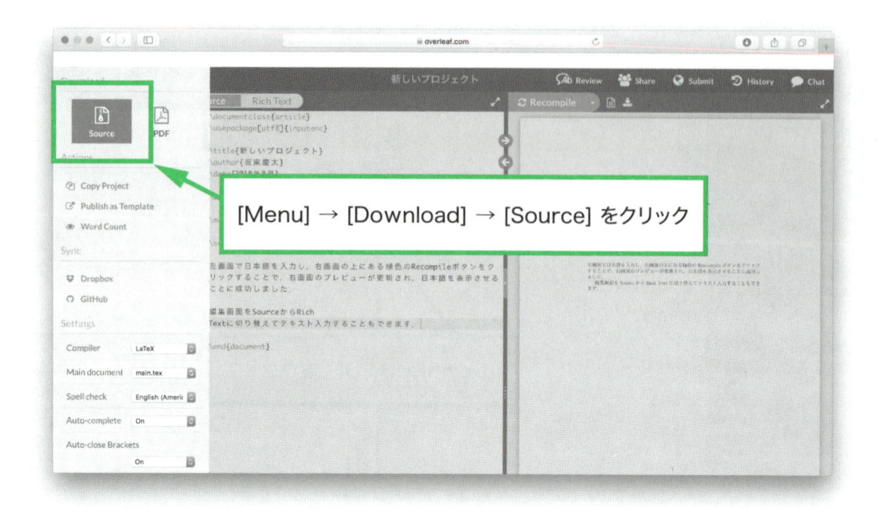

図 3.29　Project を ZIP 形式でダウンロード①

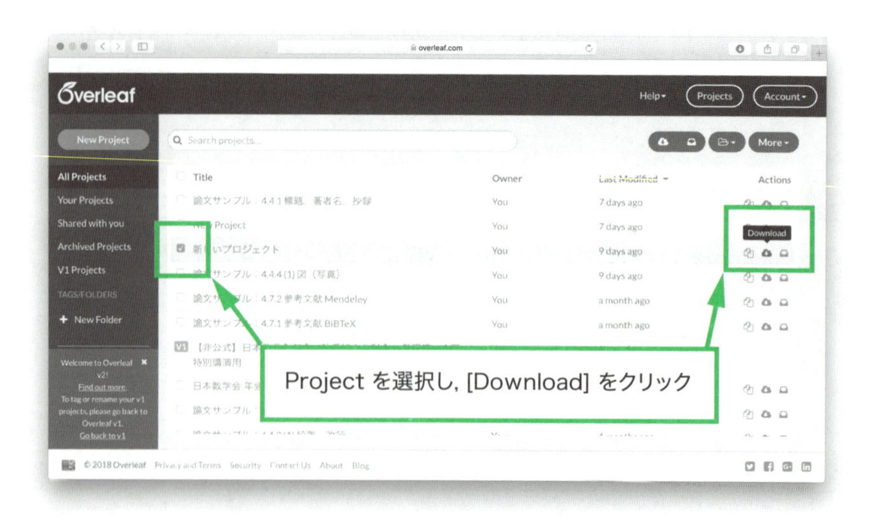

図 3.30　Project を ZIP 形式でダウンロード②

コンが表示されます（図 3.32）．右端にある [More ▽] から [Rename] を選択するとポップアップ画面が表示されます．タイトルを入力して

図 3.31　Project を ZIP 形式でダウンロード③

[Rename] をクリックすれば完了です．

3.10.2　Project をコピーする

Project をコピーする場合，プロジェクト管理画面でコピー元の Project を選択し，[Copy] をクリック（または [More] → [Make a copy] を選択）します（図 3.33，図 3.34）．

新しく Project を作成する度に，日本語を使えるように設定するのは少々面倒です．そこで，日本語を使えるように設定済みの Project を雛型として作成しておき，以降はその Project をコピーするという手があります．

3.10.3　Project を削除する

Project を削除する場合，アーカイブしてから削除する，という手順で行います▶．

▶パソコンでファイル削除すると，そのファイルは一旦ごみ箱に移動し，[ごみ箱を空にする] を選択することで完全に削除したことになります．これと同様のイメージです．

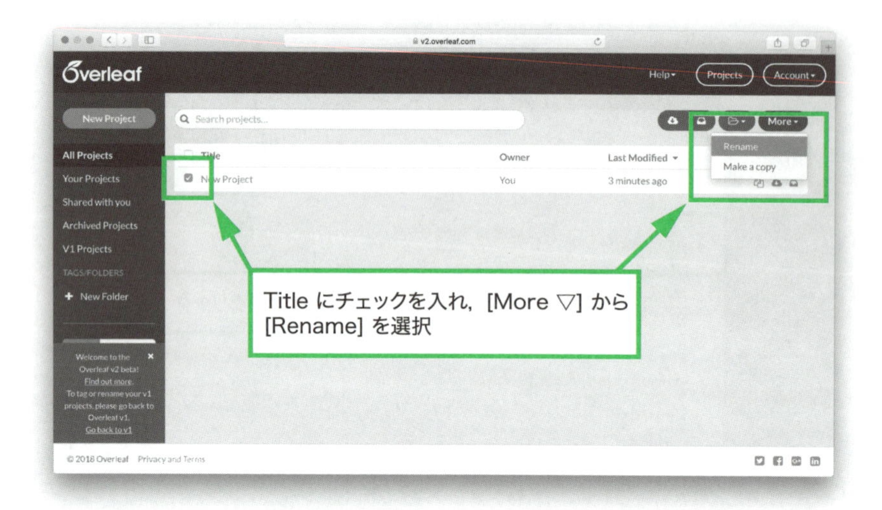

図 3.32　Project の Title を変更

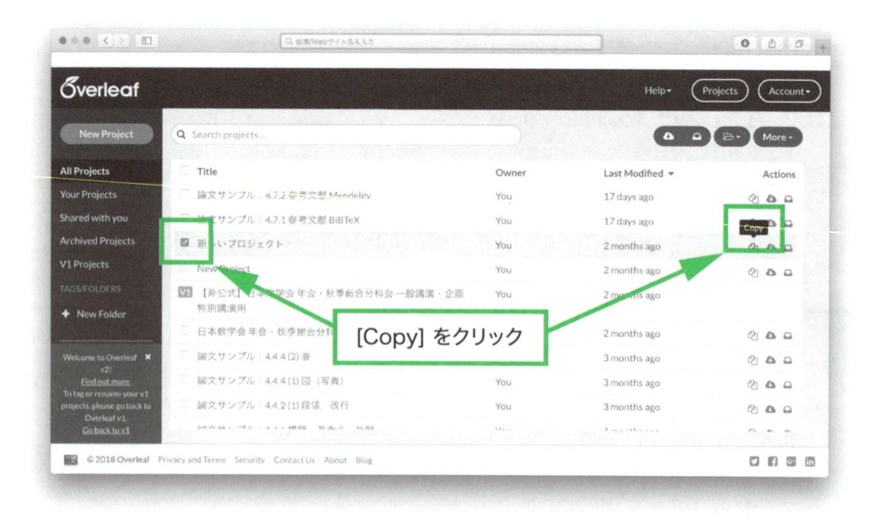

図 3.33　Project をコピー①

■Project をアーカイブする

プロジェクト管理画面で，Project の右端にある [Archive] をクリック

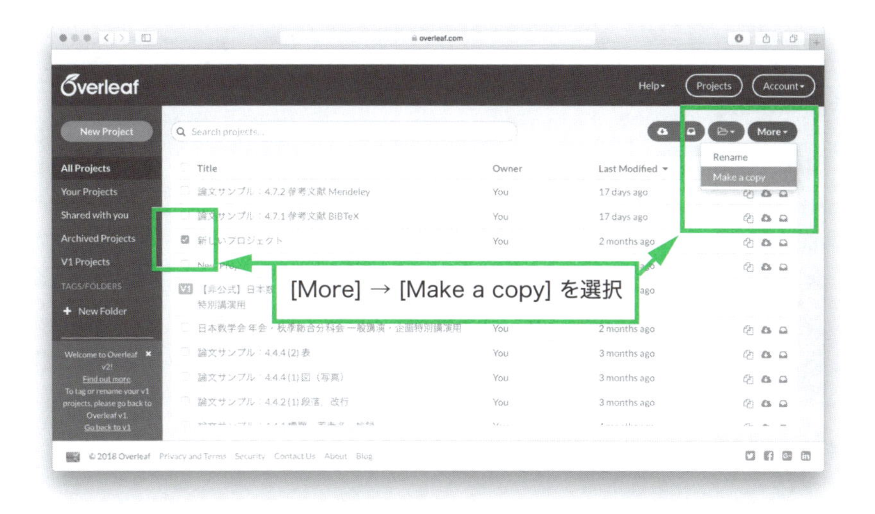

図 3.34　Project をコピー②

します（図 3.35）.

または，プロジェクト管理画面で，Project の Title 左側にあるチェックボックスにチェックを入れ，[Search projects...] の右側に表示される各種操作アイコンから [Archive] をクリックします（図 3.36）.

いずれかの操作により，アーカイブ操作をした Project がプロジェクト管理画面（All Projects フォルダ）からなくなっていることを確認できます.

Archived Projects フォルダをクリックすれば，アーカイブされた Project を確認できます（図 3.37）.

■アーカイブした Project を削除する

Archived Projects フォルダから Title 左側にあるチェックボックスにチェックを入れると，[Search projects...] の右側に各種操作アイコンが表示されます（図 3.38）. 右側に表示される [Delete Forever] をクリックするとポップアップ画面が表示されますので（図 3.39），[Confirm] をク

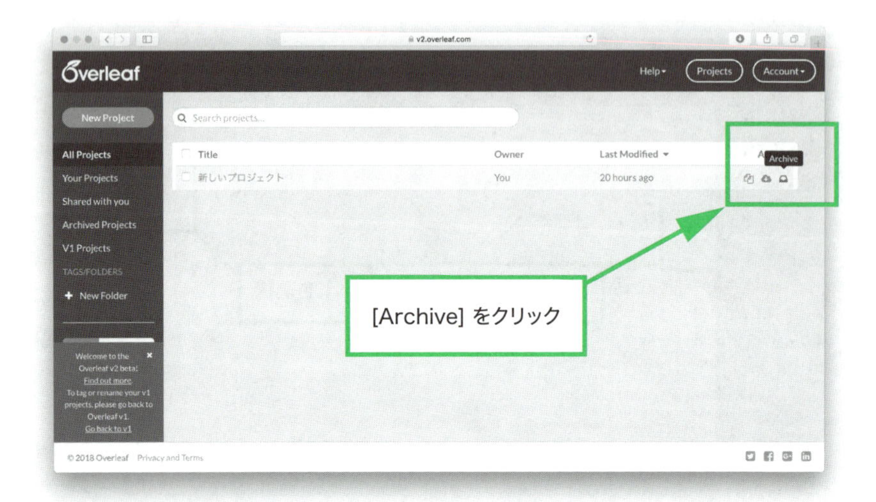

図 3.35　Project をアーカイブ①

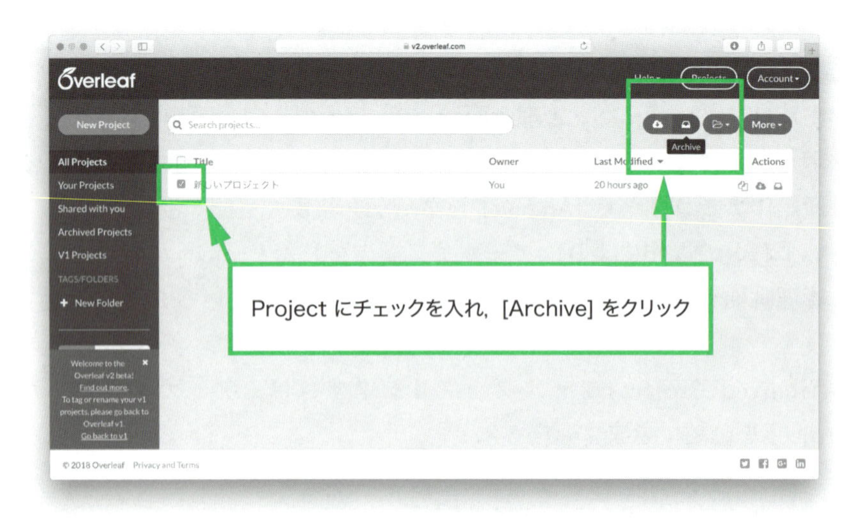

図 3.36　Project をアーカイブ②

リックすれば，Project の削除は完了です．

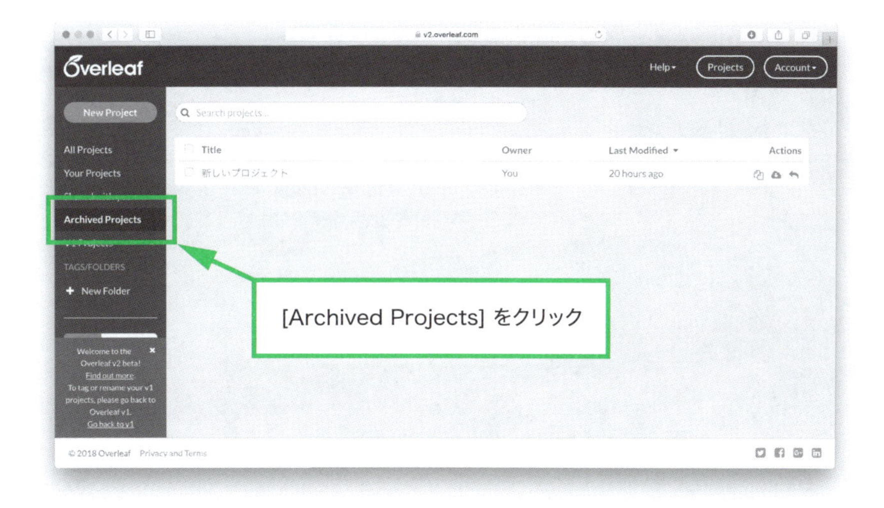

図 3.37 Archived Projects フォルダを確認

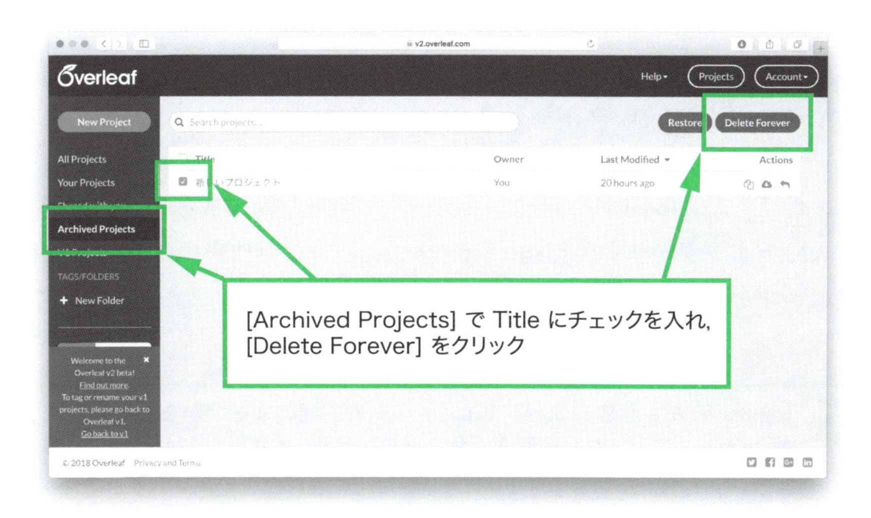

図 3.38 アーカイブした Project を削除する

■アーカイブした Project を元に戻す

次のいずれかの操作で，アーカイブした Project を元に戻すことがで

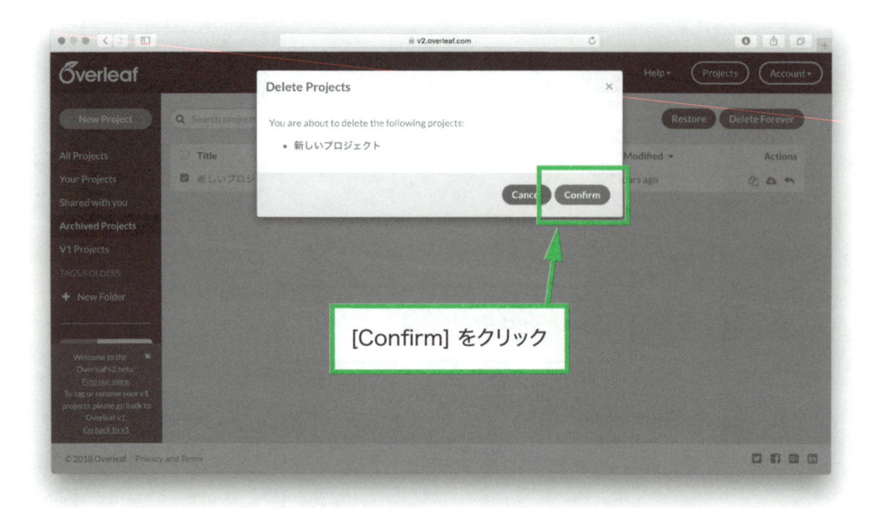

図 3.39　[Confirm] をクリックして Project を削除

きます．

Archived Projects フォルダで Project の右端にある [unarchive] をクリックします（図 3.40）．

または，Archived Projects フォルダで Title 左側にあるチェックボックスにチェックを入れ，[Search projects...] の右側に表示される各種操作ボタンから左側にある [Restore] をクリックします．

Templates からダウンロードした Project や，他のユーザから共有された Project をプロジェクト管理画面から削除（消去）する場合，[Archive] に置き換わって表示されている [Leave]（共有から抜ける）をクリックします．

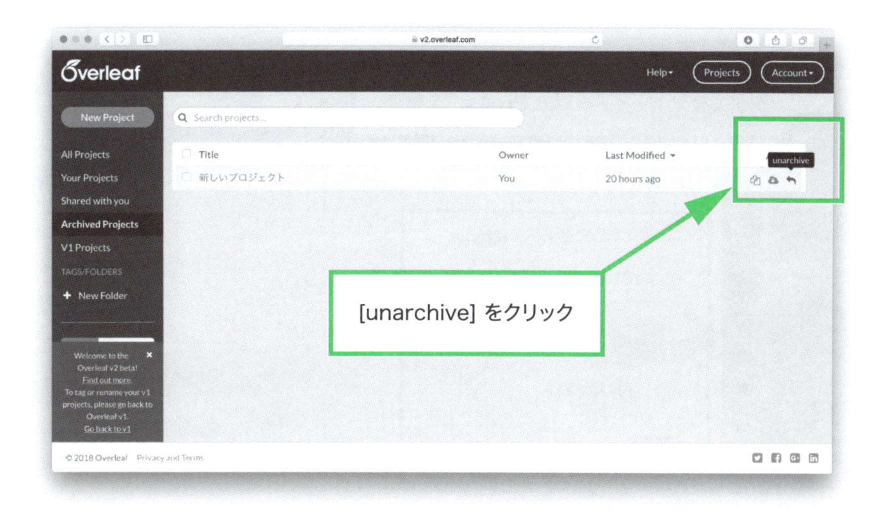

図 3.40　アーカイブした Project を元に戻す

3.10.4　Project をフォルダで整理する

Project の数が増えてくると，プロジェクト管理画面で目的の Project を探し出すのが煩わしくなります．

そんな場合，Project をフォルダで整理します．

ひとつの Project は複数のフォルダに整理できることから，タグで管理するイメージで Project を整理できます（図 3.41）．

プロジェクト管理画面で Project を選択し，[Add to folder] → [Create New Folder]（または，Project フォルダ一覧から [TAGS/FOLDERS] → [+ New Folder]）を選択するとポップアップ画面が表示されます（図 3.42，図 3.43）．フォルダ名を入力して [Create] をクリックします．

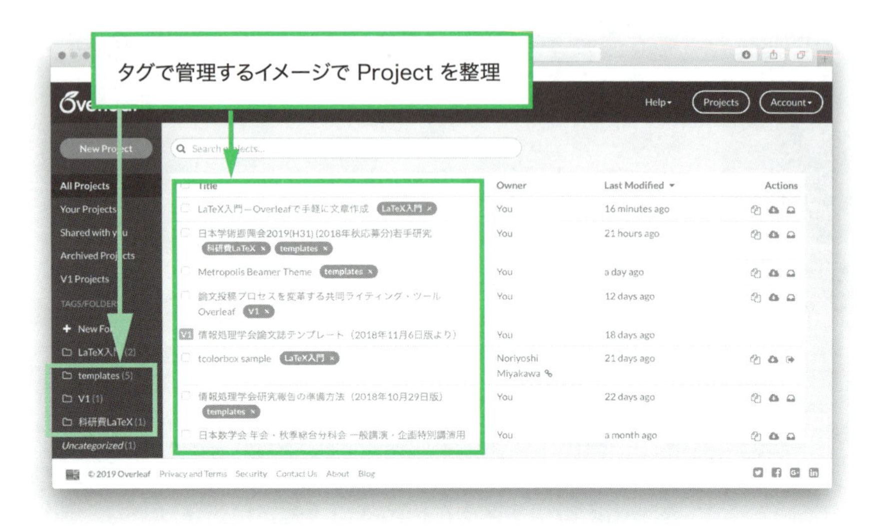

図 3.41　Project をフォルダで整理

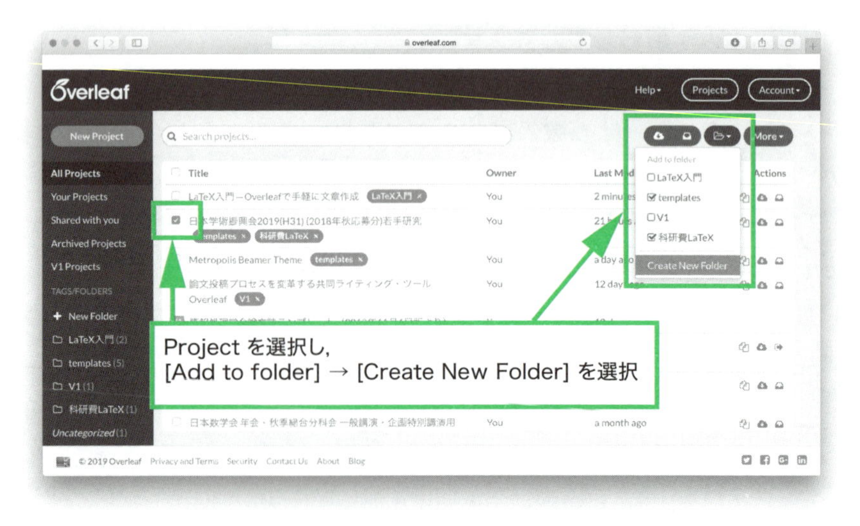

図 3.42　Project フォルダを作成①

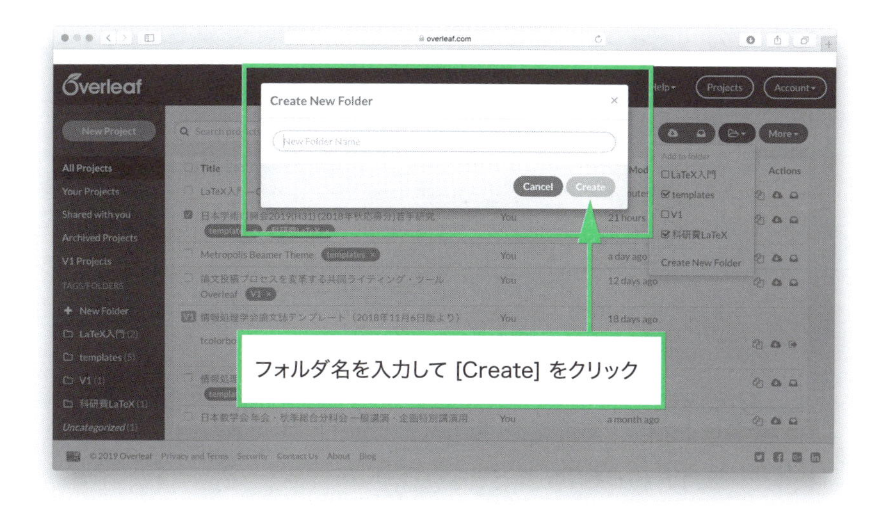

図 3.43　Project フォルダを作成②

3.11　インタフェース言語を日本語に変更する

プロジェクト管理画面やプロジェクト編集画面のインタフェース言語を，日本語に設定できます▶.

▶ただし，すべての項目が日本語で表示されるわけではありません.

現在設定されているインタフェース言語は，プロジェクト管理画面の左下にある国旗アイコンで確認できます（図 3.44).

デフォルトは英語が設定されており，国旗アイコンをクリックすると 16 言語がリスト表示されます.

リストの中から [Japanese] を選択すれば，インタフェース言語を日本語に変更できます（図 3.45).

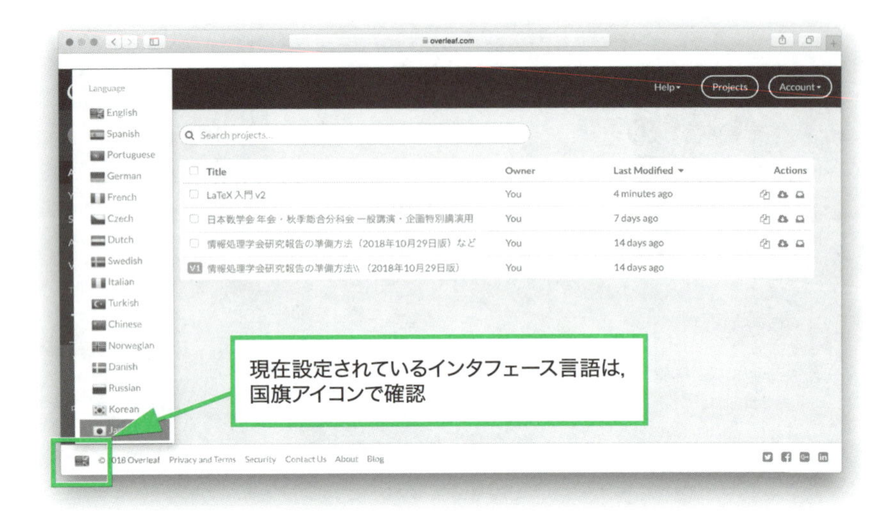

図 3.44　現在設定されているインタフェース言語を確認

インタフェース言語を日本語に切り替えても，日本語を使えるようにする設定（3.4参照）が不要となるわけではありません．

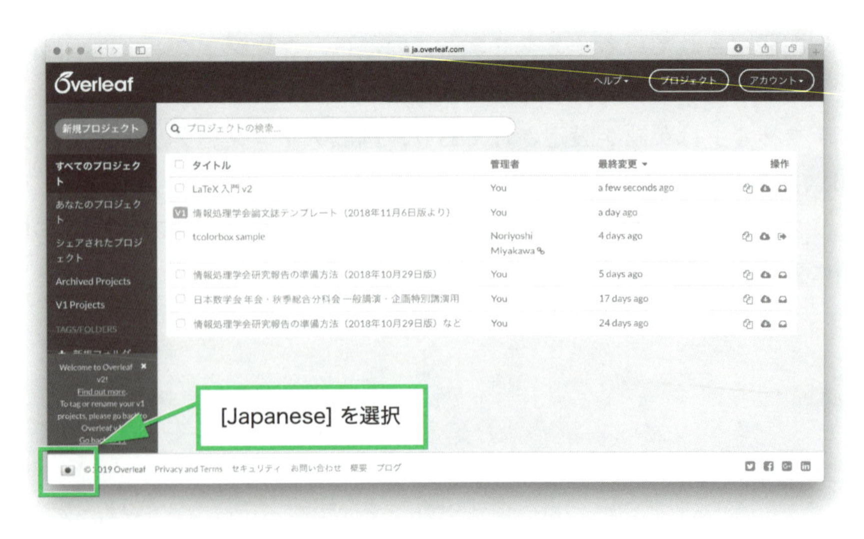

図 3.45　インタフェース言語を日本語に変更

3章のまとめ

Overleaf の基本的な使い方をマスターする

- ☑ **Overleaf** へのアカウント登録は，メールアドレスまたは Google，Twitter，ORCID のアカウントがあれば無料でできる．
- ☑ Project という概念を理解することが **Overleaf** を使う初めの一歩．

Overleaf で日本語を使う場合，設定が必要

- ☑ **Overleaf** で日本語を使う（日本語 LaTeX エンジン pLaTeX，upLaTeX ）場合，事前設定（コンパイラーの設定変更と `latexmkrc` ファイル作成）が必要．
- ☑ XeLaTeX，LuaLaTeX を使うこともできる．

Overleaf を自分好みにカスタマイズする

- ☑ コンパイル方法を，リアルタイムに実行するか否かを設定できる．
- ☑ エディタモードを，Source エディタか Rich Text エディタに切り替えられる．

column

LuaLaTeX や XeLaTeX で日本語を使う

本稿執筆時点の **Overleaf** では，コンパイラとして pdfLaTeX，LaTeX，XeLaTeX，LuaLaTeX の四択しかありません．今のところ pLaTeX，upLaTeX を使うにはトリック（latexmkrc ファイル）が必要です（3.4 参照）．

XeLaTeX，LuaLaTeX でも日本語を使うことができます（どちらも latexmkrc は特に必要ありません）．特に LuaLaTeX は，近年開発が進んでいる新しいタイプの LaTeX システムです．Lua（ルア）というプログラミング言語を備え，拡張性に優れています．

コンパイラを LuaLaTeX にして，**Overleaf** のソース欄に次のように書いてみてください：

```
\documentclass{ltjsarticle}
\begin{document}
\section{テスト}
①も㈱も使えます。
\end{document}
```

つまり jsarticle（または jsbook）とするところを ltjsarticle（または ltjsbook）とするだけです．日本語部分には IPAex 明朝・IPAex ゴシックが埋め込まれます．

XeLaTeX も使えます．その際には，1 行目を

```
\documentclass[xelatex,ja=standard]{bxjsarticle}
```

とします．使える文字の制約がありますが，LuaLaTeX よりコンパイルが速くなります．

（**Overleaf** v1 で作成した Project を移行した場合，古いシステムで処理される可能性があります．特に LuaLaTeX は更新が速いので，Project を新規作成するほうが無難です．）

4章 Overleafでゼロから論文を書く

本章では，Overleafを使ってゼロから論文を書く方法を，独立行政法人科学振興機構が公開している「学術論文の執筆と構成（SIST 08）[1]」に沿って解説しました．論文の構成要素やその記載要綱を理解した上で，Overleaf上でどう書くのか，LaTeXコマンド記述例を挙げて解説しています．また数式や参照文献は，複雑なLaTeXのコマンドを使わなくとも効率的に書けるよう，Overleafと連携できる他サービスの使い方も紹介しています．

4.1 標題部

論文の本文を執筆する前に，標題部（その論文の概要：標題，著者名，抄録など）を記載します．

■ドキュメントクラス

新規Projectの`main.tex`には，プリアンブル▶に，次の通りドキュメントクラス（`\documentclass`）が自動的に生成されます．

▶document環境より前の行．preamble：前置き，の意．

ドキュメントクラス（デフォルト）

```
\documentclass{article}
```

これを次の通り書き換えます．

[1] 学術論文の執筆と構成 https://jipsti.jst.go.jp/sist/pdf/SIST08_2010.pdf

ドキュメントクラスを変更

```
\documentclass[dvipdfmx,autodetect-engine]{jsarticle}
```

dvipdfmx	DVI 形式のファイルを PDF 形式のファイルに変換する DVI ドライバの種類を指定するオプション．
autodetect-engine	pLaTeX，upLaTeX の両方に対応できるようにするオプション．
jsarticle	より美しい PDF ファイルを生成するために，本書監修者である奥村晴彦氏が作成された論文執筆用のドキュメントクラス．部，節，小節，小々節，段落，小段落で構成されている．

4.1.1 標題

\title コマンドを使って，論文の標題を書きます．

論文の標題の書き方

```
\title{標題は，研究内容を具体的かつ的確に表すように，しかもできる
だけ簡潔に記載する}
```

4.1.2 著者名，著者の所属機関名など

\author コマンドを使って，論文の著者名を，姓・名を略さずに書きます．

著者名の後に \thanks コマンドを使って著者の所属機関名などを書くと，その内容は脚注に出力されます．

単著の場合

```
\author{著者姓名\thanks{著者の所属機関名など}}
```

共著者がいる場合は，\and コマンドを使って次の通り書きます．

共著の場合

```
\author{著者姓名1\thanks{著者の所属機関名などA}}\and
\author{著者姓名2\thanks{著者の所属機関名などB}}\and
\author{著者姓名3\thanks{著者の所属機関名などC}}
```

4.1.3 日付

\date コマンドを使って，論文の作成日などの日付を書きます．

日付を出力する場合

```
\date{2020年7月24日}
```

日付を出力しない場合

```
\date{}
```

SIST 08では，論文を構成する要素として日付を挙げていません．各種日付（受付日，採択日，公開日）は，学術雑誌の要素として“SIST 07”[2] で規定されており，投稿先の規定に従って記述します．

4.1.4 標題，著者名などを出力する

\maketitle コマンドを使って，標題，著者名などを出力します．

なお，\title，\author，\date の3つのコマンドは，必ず \maketitle コマンドの前に書く必要があります．

[2] 学術雑誌の発行と構成 https://jipsti.jst.go.jp/sist/pdf/SIST07_2010.pdf

4.1 標題部の記述例まとめ

```
\documentclass[dvipdfmx,autodetect-engine]{jsarticle}
\renewcommand{\abstractname}{抄録}

\title{標題は，研究内容を具体的かつ的確に表すように，しかもできるだけ
簡潔に記載する}

\author{著者姓名 1\thanks{著者の所属機関名など A}}\and
\author{著者姓名 2\thanks{著者の所属機関名など B}}\and
\author{著者姓名 3\thanks{著者の所属機関名など C}}

\date{}

\begin{document}

\maketitle

\begin{abstract}
抄録は，本文を読まなくても内容の要点が理解できるように記載する．抄
録は，本文と同一の言語で記載する．国際的に広く通用する言語の抄録を
付記する．外国語論文の場合は，可能な限り日本語の抄録を記載する．た
だし，記載箇所は同一の論文中になくともよい．抄録は SIST 01 に従って
作成する．
\end{abstract}

本文は，abstract 環境から下に記述します．論文の場合，本文を章・節・項
などに分割して階層的な構造で書きます．

\end{document}
```

4.1.5 抄録

abstract 環境▶を使って，抄録を書きます．

デフォルトでは“概要”と出力されます．SIST 08 に準拠して“抄録”と出力したい場合，プリアンブルに次の通り \renewcommand コマンド▶を書きます．

▶部分的に書式を変更する場合，“環境”を使います．begin 環境名と end 環境名で囲んだ領域に対して，指定した環境が適用されます．

▶既存の命令の定義を変更するコマンド．

論文の抄録の書き方

```
\renewcommand{\abstractname}{抄録}

\begin{abstract}
抄録は，本文を読まなくても内容の要点が理解できるように記載する．抄
録は，本文と同一の言語で記載する．国際的に広く通用する言語の抄録を
付記する．外国語論文の場合は，可能な限り日本語の抄録を記載する．た
だし，記載箇所は同一の論文中になくともよい．抄録は SIST 01 に従って
作成する．
\end{abstract}
```

“概要”や“抄録”など何も出力しない場合，プリアンブルに次の通り \renewcommand コマンドを書きます．

「概要」や「抄録」など何も出力しない場合

```
\renewcommand{\abstractname}{}
```

4.2 本文

本文は，abstract 環境以降に書きます．

4.2.1 段落

論文の場合，本文を章・節・項などに分割して階層的な構造で書きます．

SIST 08「5.6.3 見出しの番号付け」に準拠するには，\chapter, \section, \subsection の3つのコマンドを使って段落を展開します．

一般的な段落の記述例

入力

```
\renewcommand{\labelenumi}{(\arabic{enumi})} % 4.2.2参照
\renewcommand{\labelenumii}{(\alph{enumii})} % 4.2.2参照

\chapter{「章」を出力します}
見出しにおける章・節・項などの展開は，ポイントシステムによって記載
し，項で止める．

\section{「節」を出力します}
本文中で参照する場合は，数値や他の番号と混同しないようにするため，
章・節・項などであることを明示する．

\subsection{「項」を出力します}
本文中で引用する場合は，「既に1.2節で述べたように，・・・・」のよう
に章・節・項の番号であることを明示する．

\begin{enumerate} % 4.2.2参照
\item 項以下の細項については，括弧付き数字を用いて細分する．
 \begin{enumerate}
     \item 箇条書きの番号付けは
     \item 細項の表示と混同しないようにするため
     \item アルファベットなどを用いて表示する
\end{enumerate}
\end{enumerate}
```

出力

1. 「章」を出力します

見出しにおける章・節・項などの展開は，ポイントシステムによって記載し，項で止める．

1.1「節」を出力します

本文中で参照する場合は，数値や他の番号と混同しないようにするため，章・節・項などであることを明示する．

1.1.1「項」を出力します

本文中で引用する場合は，「既に 1.2 節で述べたように，・・・・」のように章・節・項の番号であることを明示する．

(1) 項以下の細項については，括弧付き数字を用いて細分する．
  (a) 箇条書きの番号付けは
  (b) 細項の表示と混同しないようにするため
  (c) アルファベットなどを用いて表示する

他に文書の構造を記述するコマンドには，部，段落，小段落を表せる\part，\paragraph，\subparagraph もあります．

4.2.2 箇条書き，番号付きリスト

■箇条書き

箇条書きする場合，itemize 環境を利用します．

箇条書き

入力
```
\begin{itemize}
    \item 箇条書き 1
    \item 箇条書き 2
\end{itemize}
```

出力

- 箇条書き 1
- 箇条書き 2

■番号付きリスト

SIST 08「5.6.3 見出しの番号付け」には，箇条書きの番号付け（番号付きリスト）はアルファベットなどを用いるよう示されています．

この場合，プリアンブルに次の通り \renewcommand コマンドを書き▶，enumerate 環境を使います．

箇条書き，番号付きリストの他に，見出し付き箇条書きと呼ばれる書き方もあります．この場合，description 環境を利用します．

▶デフォルトの箇条書きの番号付けは数字が用いられるため，引数の\alph で小文字アルファベット（a, b, c, ..）を出力指定します．書体を大文字アルファベット（A, B, C, ..）にしたい場合，引数を\Alph にします．

番号付きリスト

入力

```
\renewcommand{\labelenumi}{(\arabic{enumi})}
\renewcommand{\labelenumii}{(\alph{enumii})}

\begin{enumerate}
\item 項以下の細項については，括弧付き数字を用いて細分する.
 \begin{enumerate}
    \item 箇条書きの番号付けは
    \item 細項の表示と混同しないようにするため
    \item アルファベットなどを用いて表示する
\end{enumerate}
\end{enumerate}
```

出力

(1) 項以下の細項については，括弧付き数字を用いて細分する.
  (a) 箇条書きの番号付けは
  (b) 細項の表示と混同しないようにするため
  (c) アルファベットなどを用いて表示する

4.2.3　改行

ソース内の改行は無視されます.

改行したい場合，2種類のコマンドを使い分ける必要があります.

コマンド	説明
空行 または \par	段落の改行（インデントする）
\\ または \newline	段落内を（強制的に）改行

2種類の改行コマンドを使った記述例

入力

```
論文は論理的かつ明確な構想に基づいて記述する.

% 空行
研究の目的, 独創的な点や学術上の意義, 先行研究との関連性を明示する.
 \par
使用した手法や技術は, 同分野を専門とする研究者が読んで検証可能なよ
うに記述する. \\
結果とそれに対する分析は明確に区別して記載することが望ましい.
\newline
用字用語, 記号, 符号, 単位, 並びに学術用語及び学術的名称（動植物の
学名, 病名, 化合物名など）の表記は, ISO などの標準化関連国際組織及び
国内組織による基準に従う.
```

出力

論文は論理的かつ明確な構想に基づいて記述する.
　研究の目的，独創的な点や学術上の意義，先行研究との関連性を明示する.
　使用した手法や技術は，同分野を専門とする研究者が読んで検証可能なように記述する.
結果とそれに対する分析は明確に区別して記載することが望ましい.
用字用語，記号，符号，単位，並びに学術用語及び学術的名称（動植物の学名，病名，化合物名など）の表記は，ISO などの標準化関連国際組織及び国内組織による基準に従う.

また, 文章を強制的に改ページする場合, \newpage または\clearpage コマンドを使います. \clearpage は, 未出力の図表を全部出力して改ページするコマンドです.

4.2.4　文字

■書体

LaTeX でよく使われる 7 つの書体を指定するコマンドをまとめました．

LaTeX でよく使われる 7 つの書体

入力

```
\textrm{Roman} \\ % 本文(標準)
\textbf{Boldface} \\ % 見出し
\textit{Italic} \\ % 強調，署名
\textsl{Slanted} \\ % \textit{Italic}の代用
\textsf{Sans Serif} \\ % 見出し
\texttt{Typewriter} \\ % コンピュータの入力例
\textsc{Small Caps} \\ % 見出し
```

出力

Roman
Boldface
Italic
Slanted
Sans Serif
`Typewriter`
SMALL CAPS

4章 Overleaf でゼロから論文を書く

■サイズ

LaTeX の文字サイズを指定するコマンドをまとめました.

LaTeX の文字サイズ

入力

```
\tiny \LaTeX \\ % 5.00pt
\scriptsize \LaTeX \\ % 7.00pt
\footnotesize \LaTeX \\ % 8.00pt
\small \LaTeX \\ % 9.00pt
\normalsize \LaTeX \\ % 10.00pt
\large \LaTeX \\ % 12.00pt
\Large \LaTeX \\ % 14.40pt
\LARGE \LaTeX \\ % 17.28pt
\huge \LaTeX \\ % 20.74pt
\Huge \LaTeX \\ % 24.88pt
```

出力

LaTeX

LaTeX

LaTeX

LaTeX

LaTeX

LaTeX

LaTeX

LaTeX

LaTeX

LaTeX

■特殊文字

LaTeX でよく使われる特殊文字を指定するコマンドをまとめました．

LaTeX でよく使われる特殊文字

入力

```
\# \\
\$ \\
\% \\
\& \\
\_ \\
\{ \\
\} \\
\TeX \\
\LaTeX \\
\copyright\\
\textregistered\\
\texttrademark\\
\LaTeXe
```

出力

#
$
%
&
_
{
}
TeX
LaTeX
©
®
™
LaTeX 2_ε

4.3 数式

数式を書くためには，数式モードを使います．数式モードで書くと，アルファベットが数式用フォント（イタリック体）で出力されます．

数式モードには，インライン数式モードとディスプレイ数式モードの2つがあります．

4.3.1 インライン数式モード

文章内に数式を記述する場合，数式を $ と $ で囲みます．

その他に，数式を\(と\) で囲む，あるいは数式を\begin{math}と\end{math}で囲む書き方があります．いずれの書き方を使用しても，出力結果に違いはありません．

インライン数式モードの書き方

入力

```
初等幾何学におけるピタゴラスの定理は，直角三角形の3辺の長さの関係を
表す．斜辺の長さを $c$，他の2辺の長さを $a$，$b$ とすると，定理は
$c^2=a^2+b^2$ が成り立つという等式の形で述べられる．

（出典：ピタゴラスの定理 - Wikipedia）
```

出力

初等幾何学におけるピタゴラスの定理は，直角三角形の3辺の長さの関係を表す．斜辺の長さを c，他の2辺の長さを a，b とすると，定理は $c^2 = a^2 + b^2$ が成り立つという等式の形で述べられる．

（出典：ピタゴラスの定理 - Wikipedia）

4.3.2 ディスプレイ数式モード

文章外（文章とは別行）に数式を書く場合，数式を \[と \] で囲みます．

その他に，数式を $$ と $$ で囲む，あるいは数式を\begin{displaymath}と\displayend{math}で囲む書き方があります．いずれの書き方を使用しても，出力結果に違いはありません．

ディスプレイ数式モードの書き方（文章外の場合）

入力

```
初等幾何学におけるピタゴラスの定理は，直角三角形の３辺の長さの関係を
表す．斜辺の長さを $c$，他の２辺の長さを $a$，$b$ とすると，定理は
\[ c^2=a^2+b^2 \] が成り立つという等式の形で述べられる．

（出典：ピタゴラスの定理 - Wikipedia）
```

出力

初等幾何学におけるピタゴラスの定理は，直角三角形の３辺の長さの関係を表す．斜辺の長さを c，他の２辺の長さを a，b とすると，定理は

$$c^2 = a^2 + b^2$$

が成り立つという等式の形で述べられる．
（出典：ピタゴラスの定理 - Wikipedia）

別行に書いた数式に番号を付ける場合，equation 環境を使います．

ディスプレイ数式モードの書き方（別行に書いた数式に番号を付ける場合）

入力

```
初等幾何学におけるピタゴラスの定理は，直角三角形の３辺の長さの関係を
表す．斜辺の長さを $c$，他の２辺の長さを $a$，$b$ とすると，定理は
\begin{equation}
c^2=a^2+b^2
\end{equation}
が成り立つという等式の形で述べられる．

（出典：ピタゴラスの定理 - Wikipedia）
```

出力

初等幾何学におけるピタゴラスの定理は，直角三角形の３辺の長さの関係を表す．斜辺の長さを c，他の２辺の長さを a，b とすると，定理は

$$c^2 = a^2 + b^2 \tag{4.1}$$

が成り立つという等式の形で述べられる．

（出典：ピタゴラスの定理 - Wikipedia）

4.3.3 Mathpix を使って数式を LaTeX 形式に変換する

数式の出力が美しいのが LaTeX の大いなる魅力のひとつです．一方で，LaTeX 特有の数式コマンドを覚える・調べるのが億劫という方も多いでしょう．

キャプチャーした画像から数式を読み取り LaTeX 形式に変換してくれるサービス「Mathpix Snipping Tool」（以下，Mathpix）を使えば，数式を LaTeX 形式に変換することができます．後はそれを **Overleaf** にコピー&ペーストするだけで，あっという間に数式が完成します．

Mathpix は，App Store または Mathpix の Web サイトから無料でダ

ウンロードすることができます[3]．インストールすると，メニューバーにMathpixのアイコンが表示されます．

■Mathpixで数式をキャプチャーする使用例

Wikipediaページに記載されている数式“マクスウェルの方程式[4]”を，Mathpixを使ってLaTeX形式に変換し，**Overleaf**で使用する手順を紹介します．

先ずMathpixを使って数式をキャプチャーします．

Mathpixで数式のキャプチャーを開始するには，メニューバーにあるMathpixのアイコンをクリックして[Get LaTeX]を選択します▶（図4.1）．

▶Mathpixで数式のキャプチャーを開始するホットキーは，⌘(Command)＋M（Windowsの場合はCtrl＋Alt＋M）です．

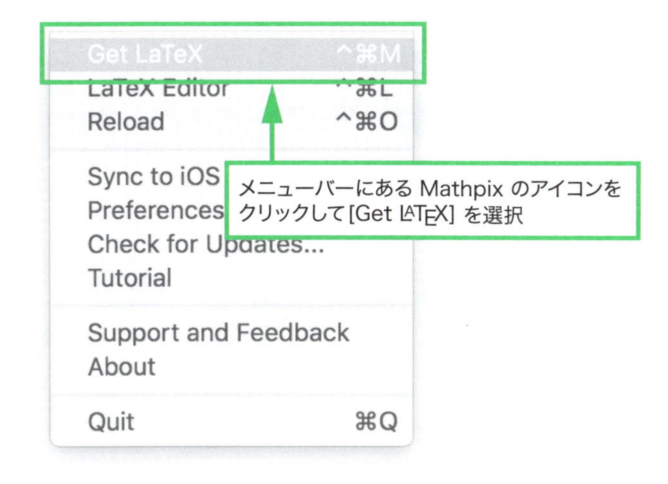

図4.1 Mathpixで数式のキャプチャーを開始

3) Windows版（ベータ版）もあります．Mathpix: Convert images to LaTeX . https://mathpix.com/

4) マクスウェルの方程式 - Wikipedia https://ja.wikipedia.org/wiki/マクスウェルの方程式

マウスカーソルが矢印から十字になりますので，キャプチャーしたい数式の端をクリックしたまま対角線状にドラッグします（図 4.2）▶．

▶選択されたグレーの四角い枠に囲まれます．

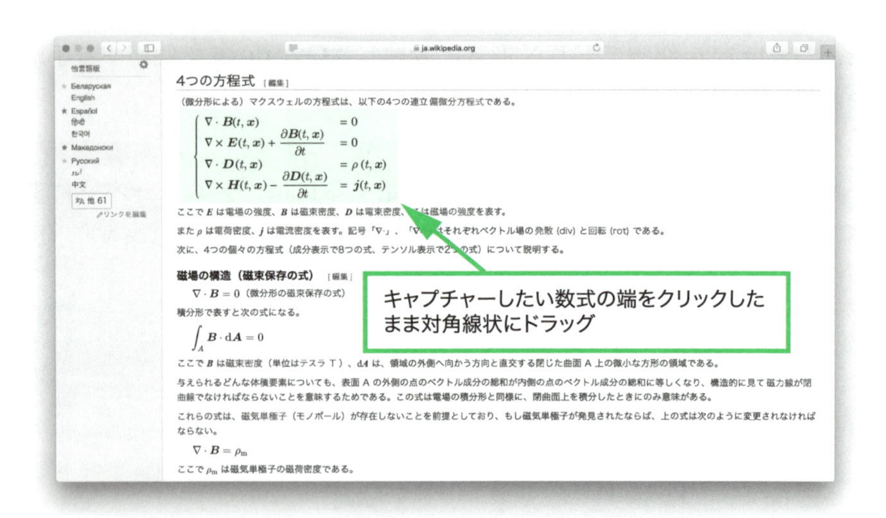

図 4.2　キャプチャーしたい数式を選択

ドラッグし終えると，Mathpix は，選択された範囲内にある数式を LaTeX 形式に変換し，その内容をクリップボードへコピーします（図 4.3）．

LaTeX 形式の部分▶ をダブルクリックすれば，その内容を確認したり書き換えたりすることができます（図 4.4）．

▶図 4.3 のハイライトされた部分．

次に **Overleaf** の Source エディタで，数式を書きたい箇所にカーソルを置き，貼り付け操作をします．

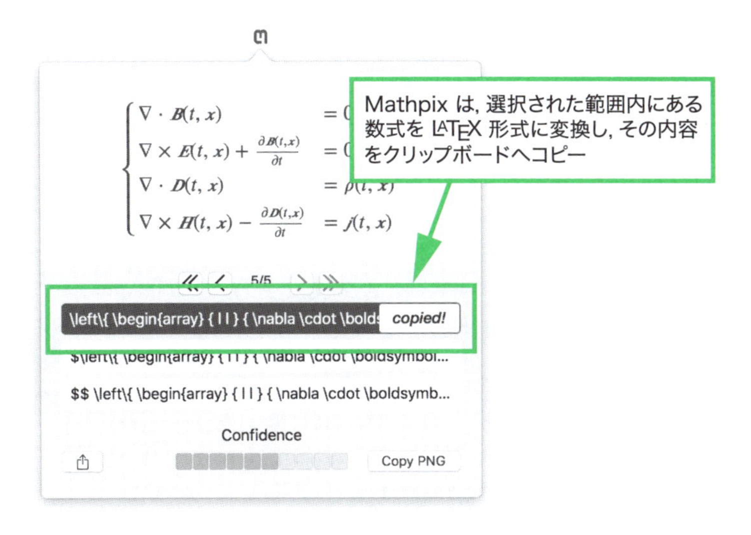

図 4.3　キャプチャーした数式が LaTeX 形式に変換

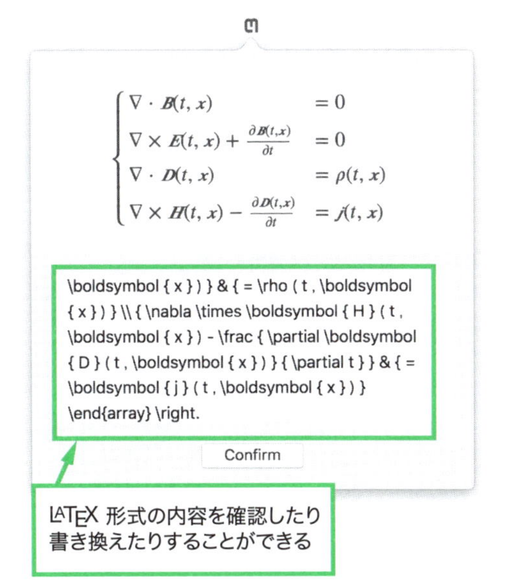

図 4.4　LaTeX 形式に変換された数式を確認

Mathpix がキャプチャーした数式が LaTeX 形式に変換

入力

(微分形による) マクスウェルの方程式は, 以下の 4 つの連立偏微分方程式である.

```
\begin{equation}
\left\{ \begin{array} { l l } { \nabla \cdot \mathbf { B
} ( t , \mathbf { x } ) } & { = 0 } \\ { \nabla \times
\mathbf { E } ( t , \mathbf { x } ) + \frac { \partial
\mathbf { B } ( t , \mathbf { x } ) } { \partial t } } &
{ = 0 } \\ { \nabla \cdot \mathbf { D } ( t , \mathbf {
x } ) } & { = \rho ( t , \mathbf { x } ) } \\ { \nabla
\times \mathbf { H } ( t , \mathbf { x } ) - \frac {
\partial \mathbf { D } ( t , \mathbf { x } ) } {
\partial t } } & { = \mathbf { j } ( t , \mathbf { x } )
} \end{array} \right.
\end{equation}
```

(出典：マクスウェルの方程式 - Wikipedia)

出力

(微分形による) マクスウェルの方程式は, 以下の 4 つの連立偏微分方程式である.

$$\left\{ \begin{array} { l l } { \nabla \cdot \mathbf { B } (t , \mathbf { x }) } & { = 0 } \\ { \nabla \times \mathbf { E } (t , \mathbf { x }) + \frac { \partial \mathbf { B } (t , \mathbf { x }) } { \partial t } } & { = 0 } \\ { \nabla \cdot \mathbf { D } (t , \mathbf { x }) } & { = \rho (t , \mathbf { x }) } \\ { \nabla \times \mathbf { H } (t , \mathbf { x }) - \frac { \partial \mathbf { D } (t , \mathbf { x }) } { \partial t } } & { = \mathbf { j } (t , \mathbf { x }) } \end{array} \right. \tag{4.2}$$

(出典：マクスウェルの方程式 - Wikipedia)

コンパイルして, PDF ビューアで確認します.

4.4　図（写真），表

4.4.1　図（写真）

Overleaf で図（写真）を出力する場合，**Overleaf** に図（写真）のデータをアップロードした後，figure 環境を使って図（写真）について書きます．

■図（写真）のデータをアップロードする

[Upload] をクリックすると，ポップアップ画面が表示されます（図 4.5）．

[Select from your computer] をクリックして図（写真）のデータを選択するか，[Add Files] 画面の破線内に図（写真）のデータをドラッグ&ドロップすると，図（写真）のデータのアップロードが開始されます．

アップロードが完了すると，フォルダ/ファイル一覧に図（写真）のデータを確認できます．

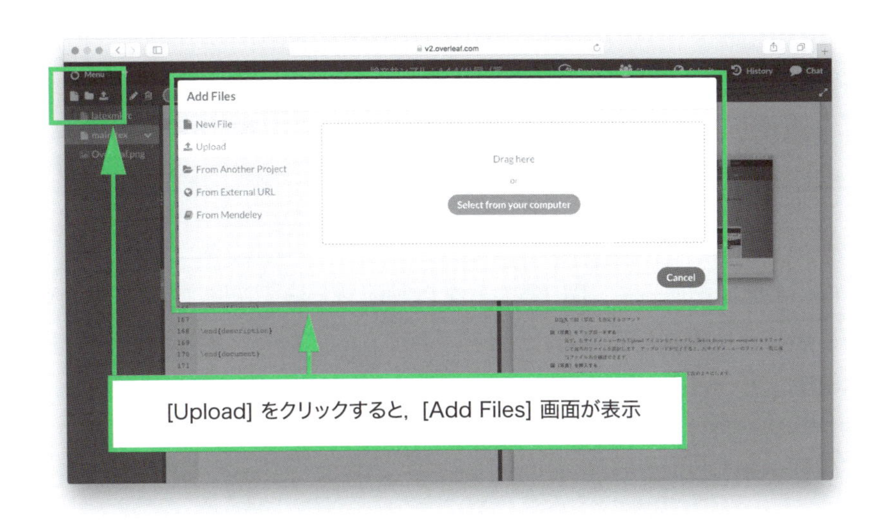

図 4.5　図（写真）のデータをアップロード

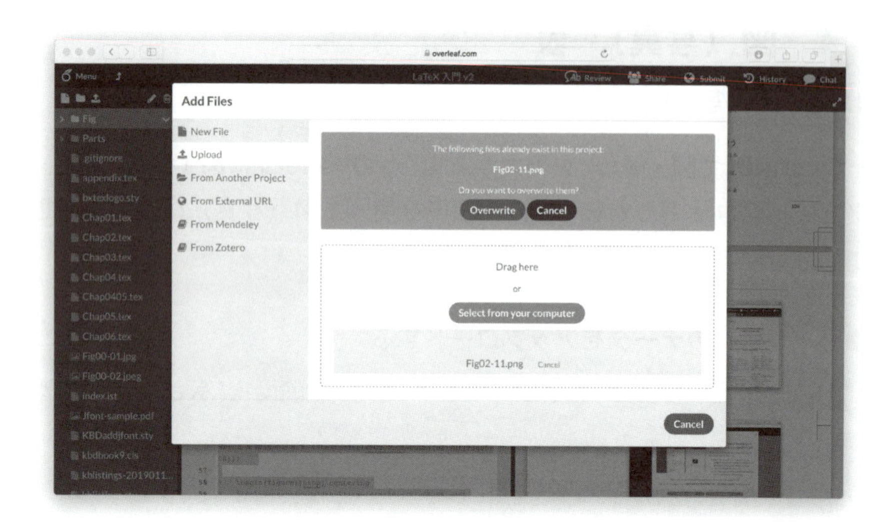

図 4.6　既にアップロード済みのファイル名を選択した場合に表示される警告メッセージ

既にアップロード済みのファイル名を選択した場合，警告メッセージが表示され，上書きするかアップロードをキャンセルするかを選択します（図 4.6）．

一度にまとめてファイルをアップロードすることもできます．ただし，一度に最大 40 ファイル，ひとつのファイルの容量は 50MB まで，ひとつの Project に最大 2,000 ファイルまで，という制限があります．

■図（写真）について書く

figure 環境を使って，図（写真）を自動配置します．図（写真）は自動的に適当な位置に配置され，「図 1」「図 2」... といった番号が付きます．

SIST 08「5.6.4 図・写真・表の番号付け」には，図の下に番号とキャプションを付けるよう示されています．この場合，\caption コマンドを使います．

次の通り図（写真）について記述します（図 4.7）▶．

▶右揃えの場合は\flushright，左揃えの場合は\flushleft を記述する．

図（写真）の書き方

```
\usepackage{graphicx} % プリアンブルに記述する

\begin{figure}
  \centering % 図(写真) の配置を指定する(例 は中央揃え)
  \includegraphics{Overleaf.pdf}
  \caption{Overleaf の Web サイト} % キャプション
\end{figure}
```

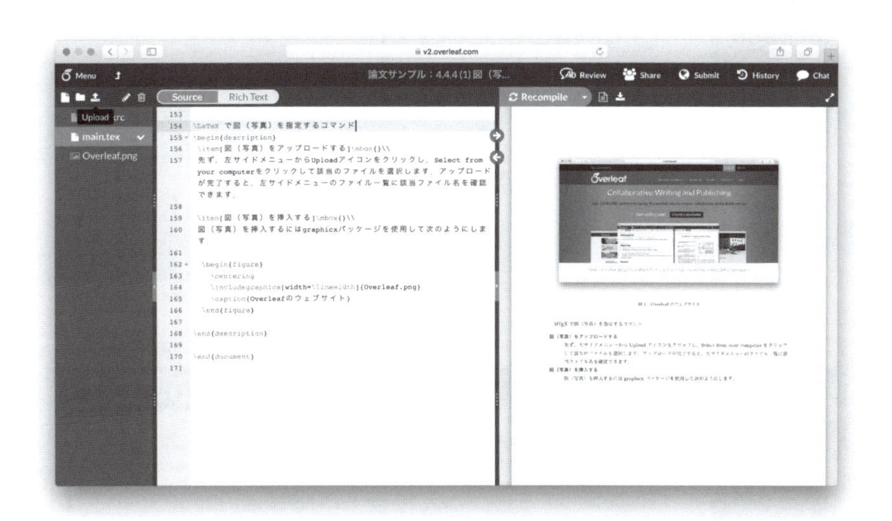

図 4.7　図（写真）について書く

■取り扱う図（写真）の数が多い場合

取り扱う図（写真）の取り扱い数が多くなると，Project フォルダ一覧が見づらくなります（図 4.8）．その場合，図（写真）データ用のフォルダを作成し，そこに保存しておくと見易く管理できます．

[New Folder] をクリックして，フォルダを作成します（図 4.9）▶．

▶本項ではフォルダ名を Figure とします．

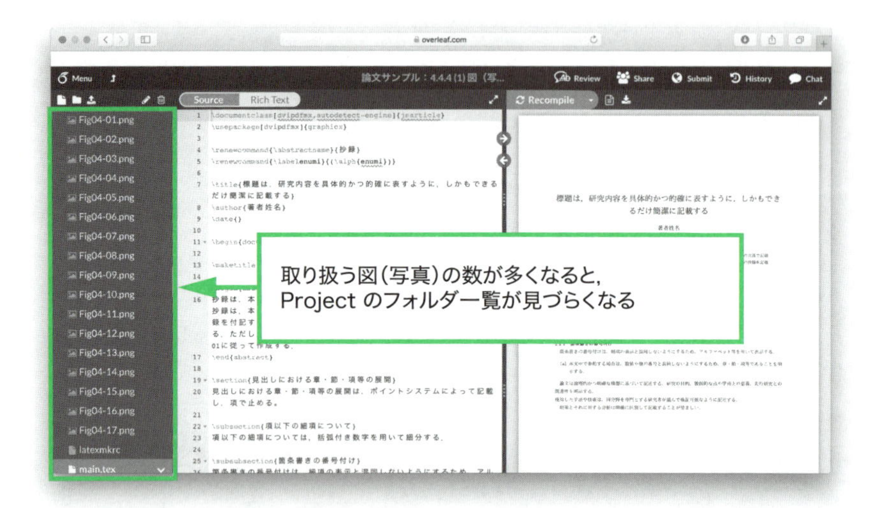

図 4.8　取り扱う図（写真）の数が多い場合

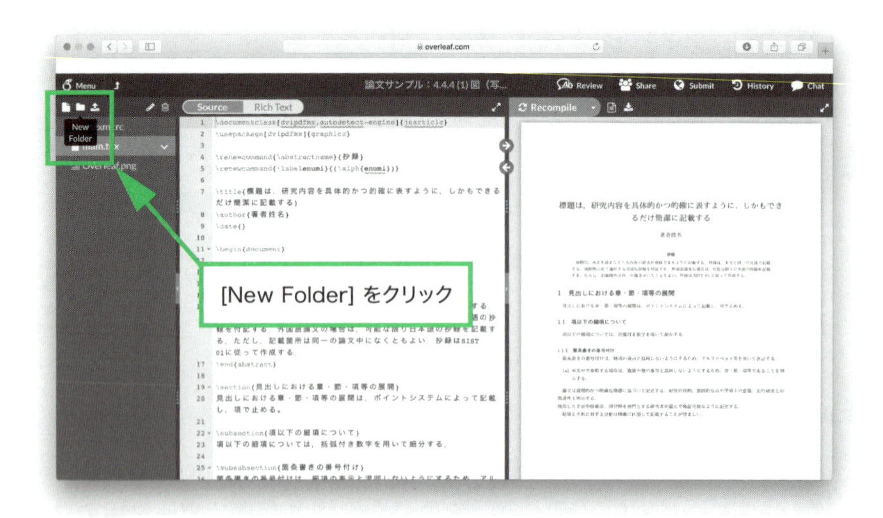

図 4.9　図（写真）専用のフォルダを作成

画像ファイルをアップロードする際，アップロード先のフォルダを選択してから，[Upload] をクリックまたは (**フォルダ名**) → [Upload file] を選択します（図 4.10）．

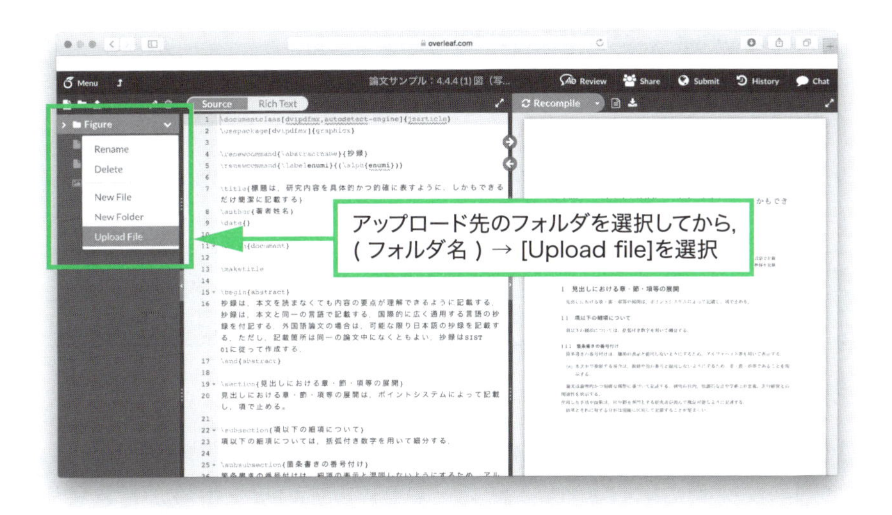

図 4.10　画像ファイルをフォルダへアップロード

Project フォルダ一覧で，ドラッグ&ドロップでファイルをフォルダに（またはその逆）移動できます．ただし，複数ファイルをまとめて移動させることはできません．

figure 環境では，次の通り「フォルダ名/ファイル名」と書きます．

図（写真）の書き方（画像ファイルをフォルダに保存した場合）

```
\usepackage{graphicx} % プリアンブルに記述する

\begin{figure}
  \centering % 図（写真）の配置を指定する（例は中央揃え）
  \includegraphics{Figure/Overleaf.pdf} %
フォルダ名/ファイル名
  \caption{Overleaf の Web サイト} % キャプション
\end{figure}
```

図（写真）データのサイズが大き過ぎるか，高解像度である場合，コンパイルエラー（タイムアウト）が発生する場合があります（付録6参照）.

4.4.2　表

table 環境を使って，表を自動配置します．figure 環境と同様に，自動的に適当な位置に配置され，「表1」「表2」... といった番号が付きます．

SIST 08「5.6.4 図・写真・表の番号付け」には，表の上に番号とキャプションを付けるよう示されています．この場合，\caption コマンドを使います．

また，表に \label コマンドでラベル名をつけておけば，\ref コマンドを使って本文中でラベルの参照を行うことができます．

表の書き方

入力

```
表\ref{trig}によると，・・・

  \begin{table}
   \caption{三角値} % キャプション
   \label{trig} % ラベル
   \begin{center}
     \begin{tabular}{c c c} \hline
       $\theta$ & $\cos \theta$ & $\sin \theta$ \\ \hline
\hline
       $0$& $1$ & $0$ \\
       $\pi/4$ & $\sqrt{2}/2$ & $\sqrt{2}/2$ \\
       $\pi/2$ & $0$ & $1$ \\
       $\pi$ & $-1$ & $0$ \\ \hline
     \end{tabular}
   \end{center}
\end{table}
```

出力

表1によると，・・・

表1　三角値

θ	$\cos\theta$	$\sin\theta$
0	1	0
$\pi/4$	$\sqrt{2}/2$	$\sqrt{2}/2$
$\pi/2$	0	1
π	-1	0

4.5 注

“注”とは，論旨を補足するために，本文とは別の箇所に記す文句のことをいいます．SIST 08では，ページの最下部に記す“脚注”と，本文末尾に記す“文末注”の2つがあります．

4.5.1 脚注

\footnote コマンドを使います．

脚注の書き方

入力

```
注（note）とは，論旨を補足するために，本文とは別の箇所に記す文句のことをいいます．\footnote{ページの最下部に，ここに記された文が表記されます．}SIST 08では，ページの最下部に記す「脚注」と，本文末尾に記す「文末注」のふたつがある．\footnote{注のふたつ目をテスト入力．}
```

出力

注（note）とは，論旨を補足するために，本文とは別の箇所に記す文句のことをいいます．*1SIST 08では，ページの最下部に記す「脚注」と，本文末尾に記す「文末注」のふたつがある．*2

*1 ページの最下部に，ここに記された文が表記されます．
*2 注のふたつ目をテスト入力．

脚注ラベルを変更することもできます．例えば，注番号の前に“注”を挿入し，注番号を数字のみにしたい場合，次の通り \renewcommand コマンドを記述します．

脚注の書き方（脚注ラベルを変更する場合）

入力

```
\renewcommand{\thefootnote}{注\arabic{footnote}}

注（note）とは，論旨を補足するために，本文とは別の箇所に記す文句の
ことをいいます．\footnote{ページの最下部に，ここに記された文が表記
されます．}SIST08 では，ページの最下部に記す「脚注」と，本文末尾に
記す「文末注」のふたつがある．\footnote{注のふたつ目をテスト入力．}
```

出力

注（note）とは，論旨を補足するために，本文とは別の箇所に記す文句のことをいいます．[注1)]SIST08 では，ページの最下部に記す「脚注」と，本文末尾に記す「文末注」のふたつがある．[注2)]

注1) ページの最下部に，ここに記された文が表記されます．
注2) 注のふたつ目をテスト入力．

4.5.2 文末注

endnotes パッケージを使います．

“注”を“註”と表記変更したい場合，次の通り \renewcommand コマンドを記述します．

文末注の書き方

```
\usepackage{endnotes}
\renewcommand{\theendnote}{注\arabic{endnote}}}
\renewcommand{\notesname}{註}
```

本文で \endnote コマンドを使って脚注を作成し，文末注を挿入する箇所に \theendnotes コマンドを書くと，注のリストが出力されます．

文末注リストの書き方

```
\theendnotes
```


4.6 参照文献

SIST 08には，「参照文献は，SIST 02に従って記載する」と示されています．

論文の書き方は，SIST 08に沿って解説してきました．参照文献の書き方にも準拠すべき基準があります．SIST 08同様，独立行政法人科学技術振興機構が公開する「参照文献の書き方（SIST 02：2007）[5]」（以下，SIST 02）に詳細な記載例が示されています．

▶参照文献には，参考文献（論文を書く上で参考になった文献），引用文献（文言を引用した文献）を含みます．

参照文献を書く場合，\thebibliographyコマンドを使う場合と，BibTeXを使う場合の2つがあります．本書では，\thebibliographyコマンドを使う方法は割愛させて頂き，BibTeXを使う方法に加えて，文献管理ツールMendeleyと連携させて参照文献を書く方法を紹介します．

4.6.1 BibTeXを使って参照文献を書く

■.bibファイルを作成する

[New File]をクリックして.bibファイルを作成します．

▶本項ではファイル名をreference.bibとします．

■CiNiiからBibTeX形式の書誌情報をコピーする

.bibファイルに，文献の書誌情報を書きます．

書誌情報とは，文献の著者名・タイトル・出版社・発行年などを言います．

[5] 参照文献の書き方 https://jipsti.jst.go.jp/sist/pdf/SIST02-2007.pdf

書誌情報の例

```
@article{130007493970,
author="大谷 周平 and 坂東 慶太", % 著者名
title="論文海賊サイト
    Sci-Hub を巡る動向と日本における利用実態", % タイトル
journal="情報の科学と技術", % 雑誌名
ISSN="0913-3801", % ISSN
publisher="一般社団法人 情報科学技術協会", % 出版社名
year="2018", % 出版年
month="", % 出版月
volume="68", % 巻数
number="10", % 号数
pages="513-519", % ページ数
URL="https://ci.nii.ac.jp/naid/130007493970/", %
    WWW 上の URI
DOI="10.18919/jkg.68.10_513", % DOI(Digital Object
    Identifier)
}
```

しかし，書誌情報を書いていては非常に効率が悪いので，CiNii[6] から書誌情報を BIBTEX 形式でダウンロードし，コピー&ペーストします．

CiNii で論文のページにアクセスします．ページを下へスクロールし，右下部分にある [書き出し] → [BIBTEX で表示] を選択します（図 4.11）．

新しいタブ（またはウインドウ）が開き，その論文の書誌情報が BIBTEX 形式で表示されます（図 4.12）．これをすべて選択して **Overleaf** の .bib ファイルにコピー&ペーストします（図 4.13）．

同様に，いくつか必要な論文を検索して .bib ファイルを完成させます▶．

▶ .bib ファイルにコピー&ペーストする順番は気にしなくて構いません．

6) 論文，図書，雑誌や博士論文などの学術情報を検索できるデータベース・サービス． https://ci.nii.ac.jp

図 4.11　CiNii で論文のページにアクセス

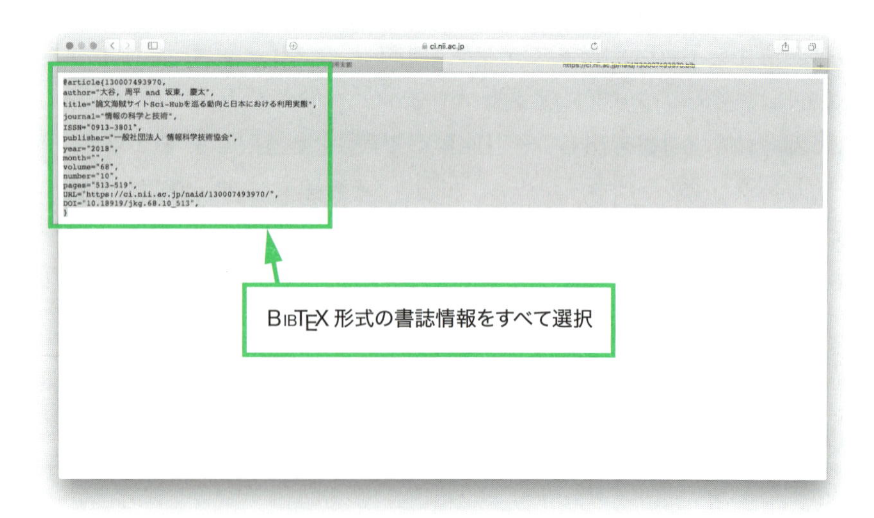

図 4.12　論文の書誌情報が BibTeX 形式で表示

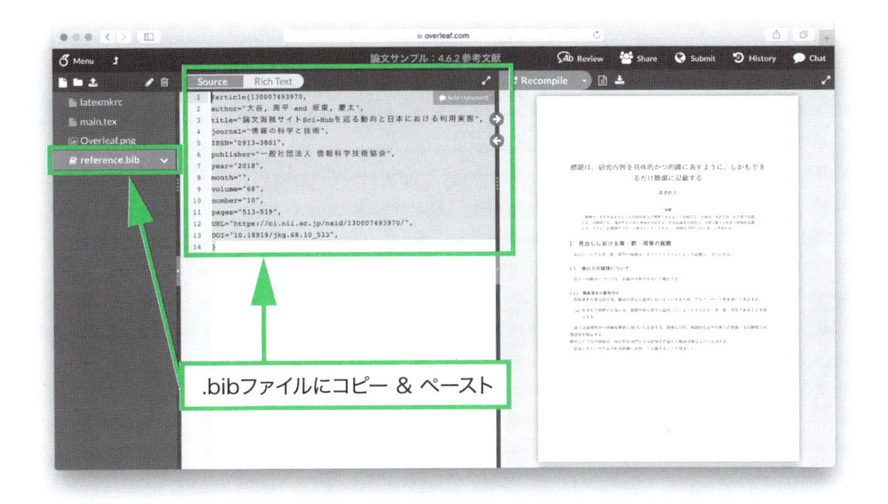

図 4.13　BIBTEX 形式の書誌情報を **Overleaf** の .bib ファイルにコピー&ペースト

■CiNii から書き出した書誌情報を修正（氏名の間のカンマ (,) を削除）する

CiNii の BIBTEX 形式には氏名の区切りにカンマ (,) が挿入されますが，このままの状態では参照文献を書く際，氏名が逆に表示されてしまいます．

そこで，カンマ (,) を削除する必要があります．

CiNii から書き出した書誌情報は氏名の間のカンマ (,) を削除する

```
author="大谷, 周平 and 坂東, 慶太", % 氏名の間のカンマ (,) を削除
↓
author="大谷 周平 and 坂東 慶太",
```

■\cite コマンドを使って引用符号を出力する

main.tex 内の引用符号を挿入したい箇所にカーソルを置き，\cite

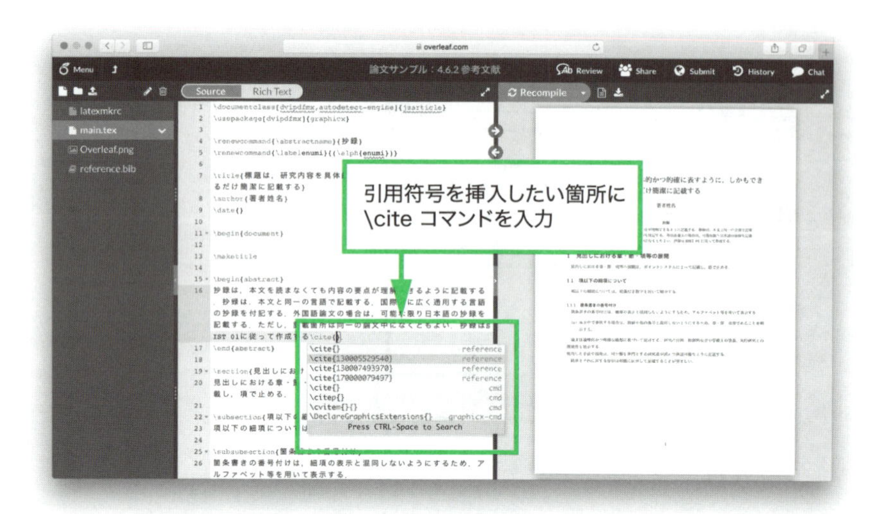

図 4.14　\cite コマンドを使って引用符号を出力

コマンドを入力します（図 4.14）．

オートコンプリートの設定が “On” の場合▶，\cite コマンドの中括弧内に参照キーのリストが表示されます．

▶デフォルトの設定は “On”．設定の確認，変更については，付録 3 参照．

参照キーとは，.bib ファイルに保存した文献をユニークに特定する記号で，BIBTEX の先頭行に記されています．例えば @article{130007493970} の場合，括弧内の数字が参照キーです．

引用符号の書き方

```
\begin{abstract}
抄録は，本文を読まなくても内容の要点が理解できるように記載する．抄
録は，本文と同一の言語で記載する．国際的に広く通用する言語の抄録を
付記する．外国語論文の場合は，可能な限り日本語の抄録を記載する．た
だし，記載箇所は同一の論文中になくともよい．抄録は SIST 01 に従って
作成する\cite{130007493970}.
\end{abstract}
```

参照キーの説明

```
@article{130007493970, % この場合 130007493970 が参照キー
author="大谷 周平 and 坂東 慶太",
title="論文海賊サイト Sci-Hub を巡る動向と日本における利用実態",
journal="情報の科学と技術",
...
```


■\bibliography コマンドを使って参照文献リストを出力する

最後に，参照文献リストを記したい文末に，次の通り入力します．

参照文献リストの書き方

```
\bibliographystyle{junsrt}
\bibliography{reference}
```

junsrt とは参照文献の書式を指定するスタイルで，参照文献リストには参照順（\cite コマンドを書いた順）に出力することを命令します▶．

▶その他のスタイルに，アルファベット順とする jplain などがあります．残念ながら，SIST 02 に準拠するスタイルは存在しません．

以上で，引用符号と参照文献リストの出力準備が整いました．

コンパイルして，PDF ビューアで確認します．

\cite コマンドを挿入した箇所には引用符号が（図 4.15），\bibliography コマンドを挿入した箇所には参照文献リストが（図 4.16）出力されることを確認できます．

■引用符号を上付きの片カッコに変更する

引用符号は [1] [2] ... という形式で表示されます．

SIST 02 に準拠して，上付きの片カッコ（1) 2) ...）に変更する場合，プリアンブルに次の通り \renewcommand コマンドを書きます．

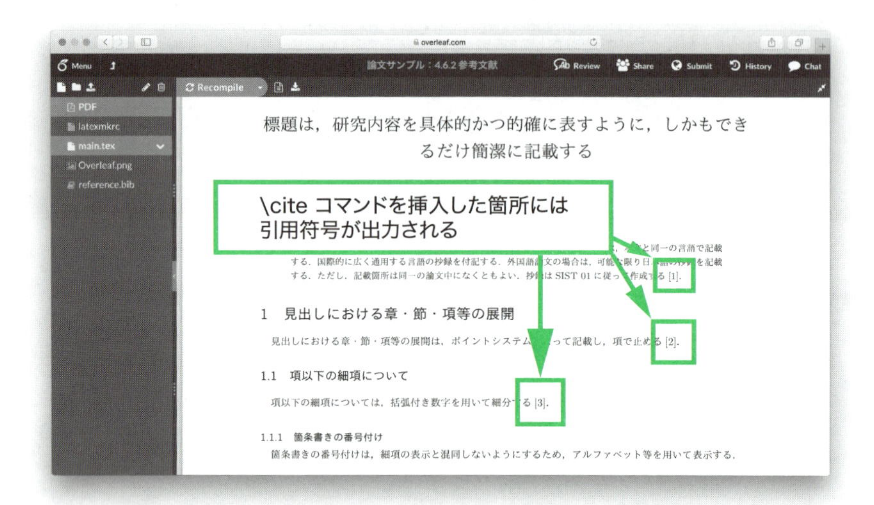

図 4.15 \cite コマンドを使って引用符号を出力

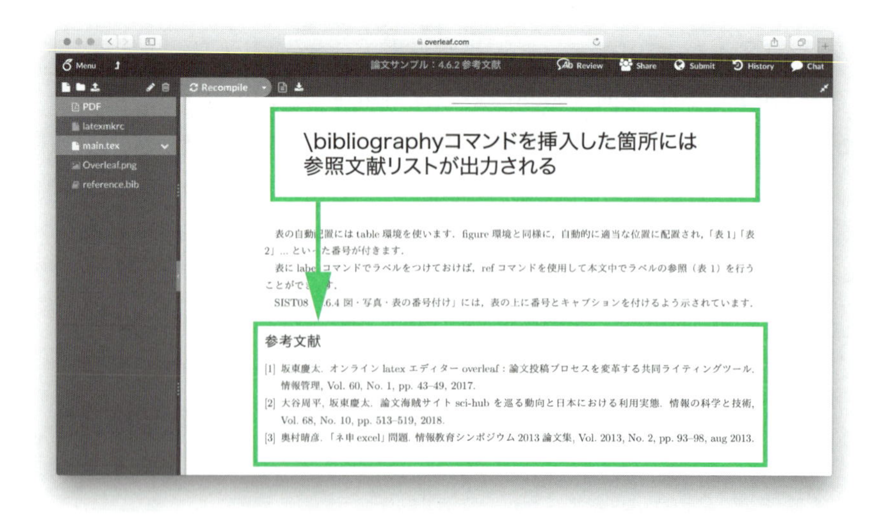

図 4.16 \bibliography コマンドを使って参照文献リストを出力

引用符号を上付きの片カッコに変更する場合

```
\makeatletter
\renewcommand{\@cite}[1]{\textsuperscript{#1}}
\renewcommand{\@biblabel}[1]{#1)}
\makeatother
```

再度コンパイルすると，上付きの片カッコに変更されたことを確認できます（図 4.17，図 4.18）．

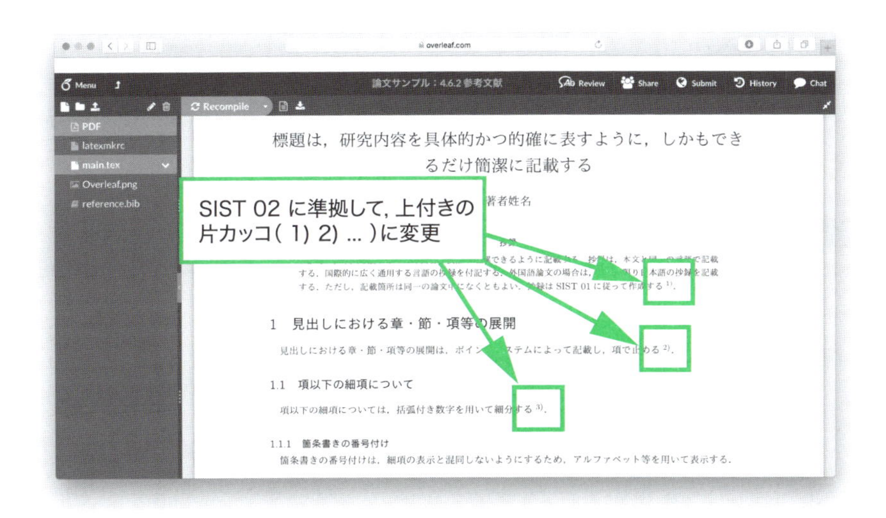

図 4.17　引用符号を上付きの片カッコに変更

4.6.2　文献管理ツール Mendeley と連携する

文献管理ツールとは，集めた文献を保存・整理・引用するのに便利なソフトウェアやサービスの総称を言います．英語では “Reference Management Tool” あるいは “Citation Management Tool” などと呼ばれています．

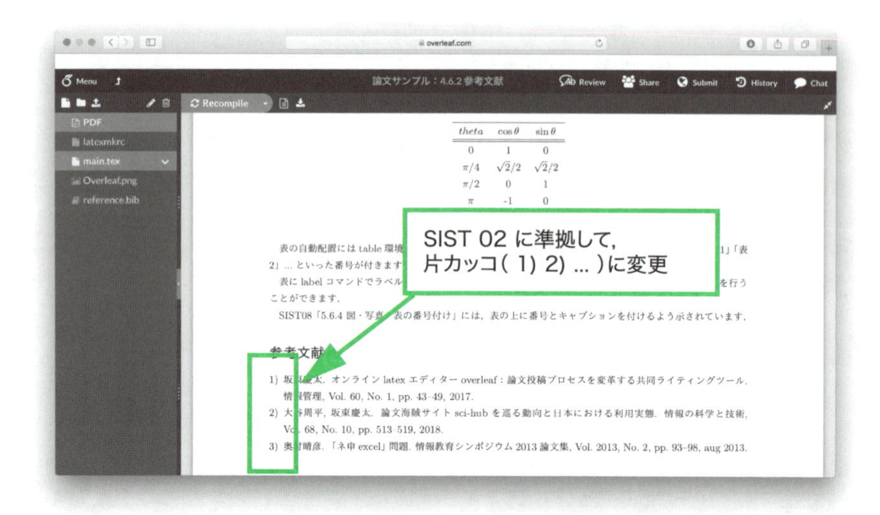

図 4.18　引用符号を片カッコに変更（参照文献リスト）

ユトレヒト大学図書館による“学術コミュニケーション・ツールの利用に関するアンケート”（1.1 参照）の結果，よく利用される文献管理ツールには，EndNote，Mendeley，Zotero が上位に挙げられました．

Overleaf には文献管理ツールとの連携機能が備わっており，その対象のひとつが本項で紹介する Mendeley です．

Mendeley は，基本的な機能を無料で使えます．世界各国・地域に 60 万人以上のユーザがいて，ソーシャルネットワーキング機能を使えば同じ研究分野のユーザとつながったり，文献を共有することもできます．

本項で紹介する手順を参考に，Web だけで文献管理，論文執筆することを体験してみてください．

Overleaf v1 が対応する文献管理ツールは，Mendeley，Zotero，CiteULike の 3 つでした．**Overleaf** v2 リリース時は，Mendeley のみに対応．その後，Zotero も対応しました（2018 年）．CiteULike ユーザの方はもうしばらくの辛抱です．

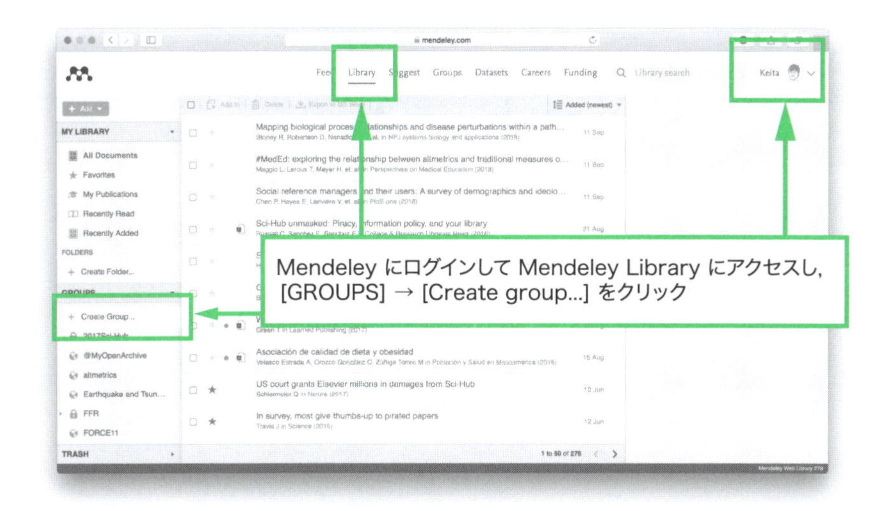

図 4.19　Mendeley Group のページ

■Mendeley でグループを作成する

ひとりで使うか，他のユーザと共有するかは別として，先ずは Mendeley に，**Overleaf** と連携するためのグループを新規作成します．

Mendeley にログインして Mendeley Library にアクセスし，左パネルから [GROUPS] → [Create group...] をクリックすると（図 4.19），新しいタブ（またはウインドウ）で Mendeley Group のページにジャンプし（図 4.20），ページ上部にある [Create a new group] をクリックします．

グループ概要を入力すると，ポップアップ画面が表示されます（図 4.21）．必要事項を入力して [Create] をクリックすれば，グループ作成は完了です▶．

▶本項ではグループ名を `Overleaf-Mendeley` とします．

■CiNii から書誌情報をインポートする

CiNii から書誌情報をインポートします．

CiNii で論文のページを開きます．ページを下へスクロールし，右下部分にある [書き出し] → [Mendeley に書き出し] を選択します（図 4.22）．

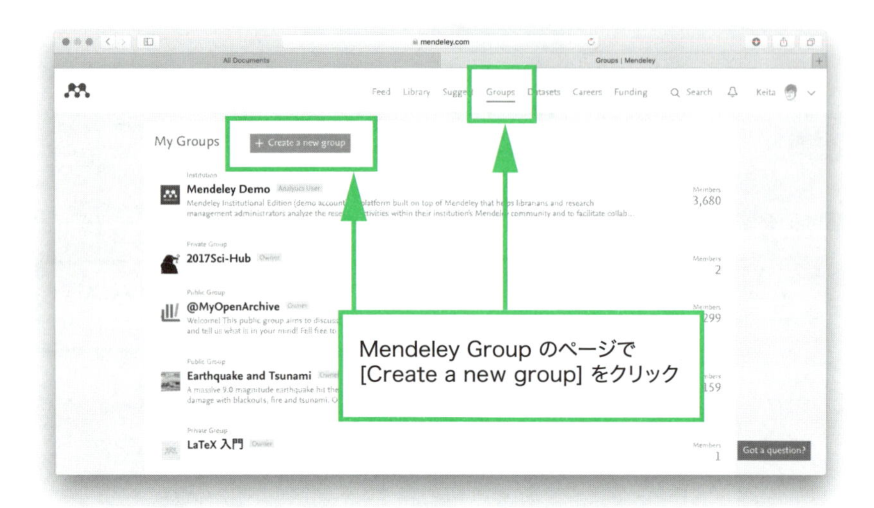

図 4.20　Mendeley でグループを作成

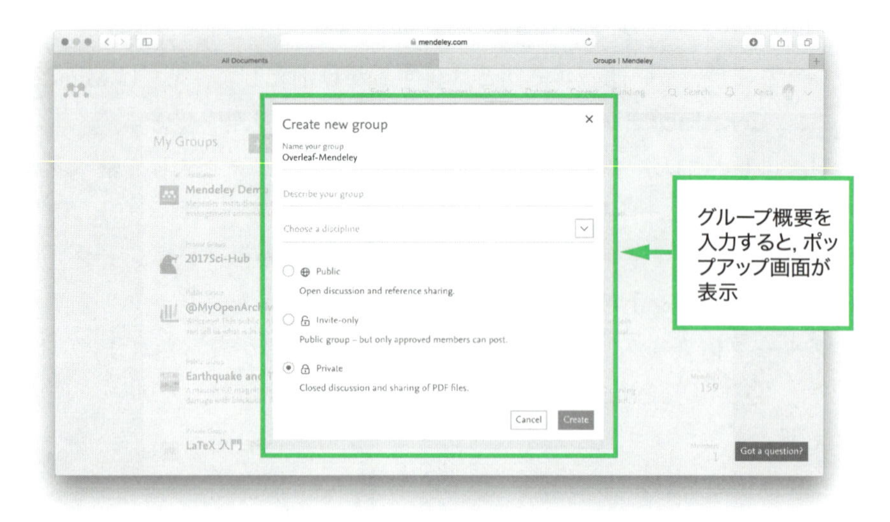

図 4.21　グループ概要を入力するポップアップ画面

新しいタブ（またはウインドウ）が開き，Mendeley のページで CiNii の書誌情報を確認できます（図 4.23）.

[Choose your folder or group destination] をクリックすると，Mende-

図 4.22 CiNii から書誌情報をインポート

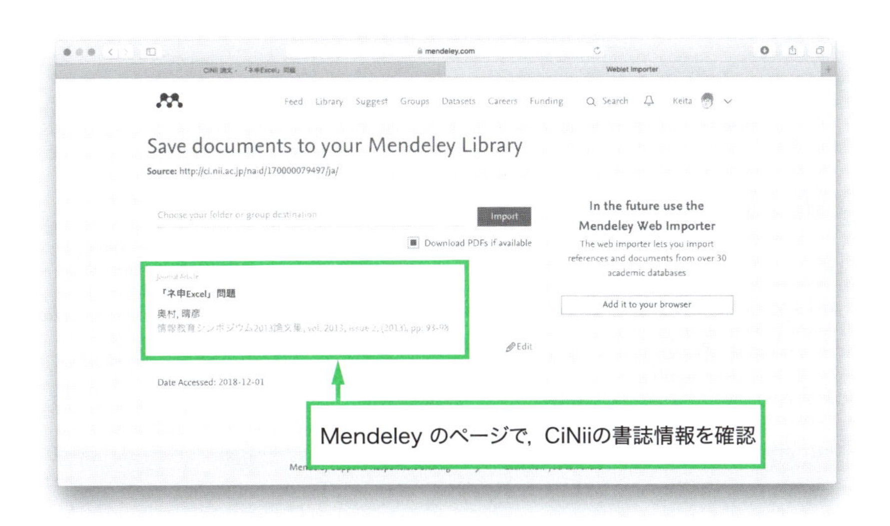

図 4.23 Mendeley のページで，CiNii の書誌情報を確認

ley Library にあるフォルダまたはグループの一覧がリスト表示されます（図 4.24）．CiNii から取り込む書誌情報の保存先（グループ `Overleaf-Mendeley`）を選択し，[Import] をクリックします．

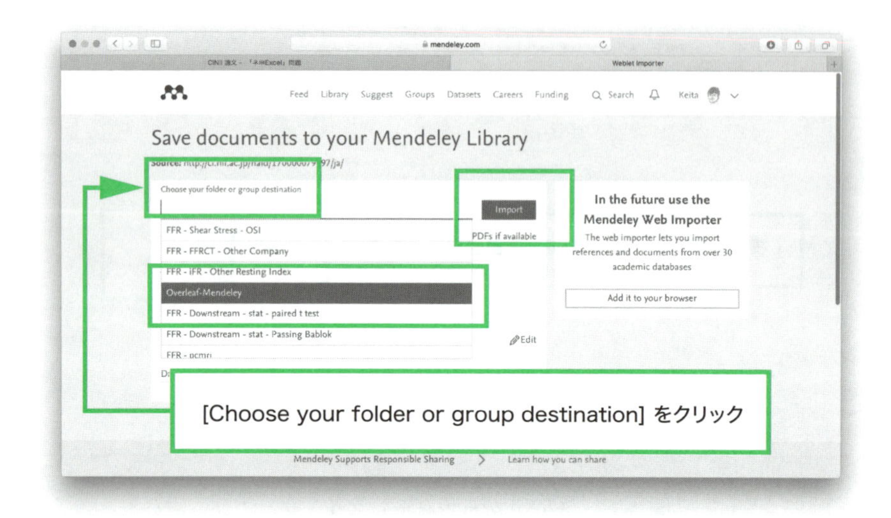

図 4.24　Mendeley Library にあるフォルダまたはグループの一覧がリスト表示

インポートが完了した後，[Open Library] をクリックして（図 4.25），グループ `Overleaf-Mendeley` で書誌情報を確認します（図 4.26）.

■CiNii から Mendeley への書き出しが失敗する場合

CiNii Articles から「Mendeley に書き出し」を行った場合に，論文名が正しく表示されないといった不具合があります[7].

CiNii は次の対処法を案内しており，本項でもその対処法に沿って進めます.

> なお，「BIBTEX で表示」または「RIS で表示」を選択いただき，表示されたテキストを `.bib` または `.ris` 形式（UTF-8）で保存したファイルを使用した Import は正常に動作いたします.

[CiNii] → [書き出し] から，[BIBTEX で表示] を右クリックし，[リンク

[7] CiNii Articles の「Mendeley に書き出し」機能の不具合について https://support.nii.ac.jp/ja/news/cinii/20170622

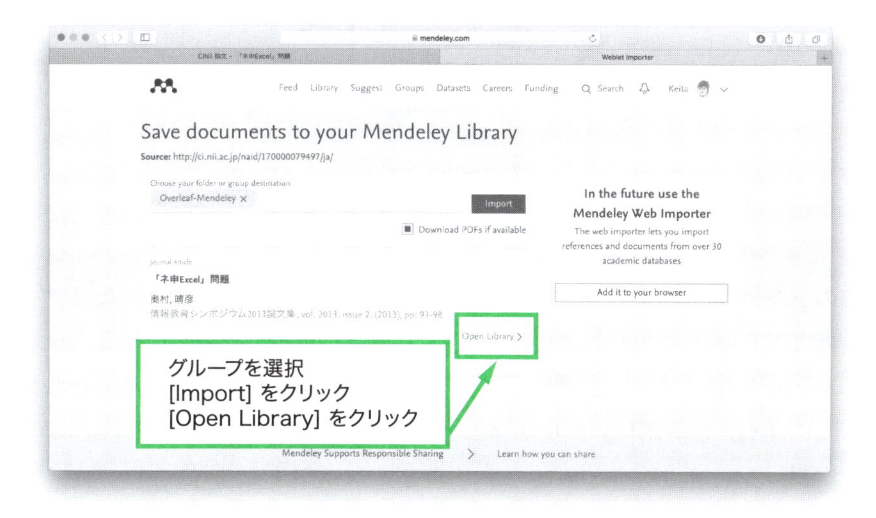

図 4.25　インポートが完了①

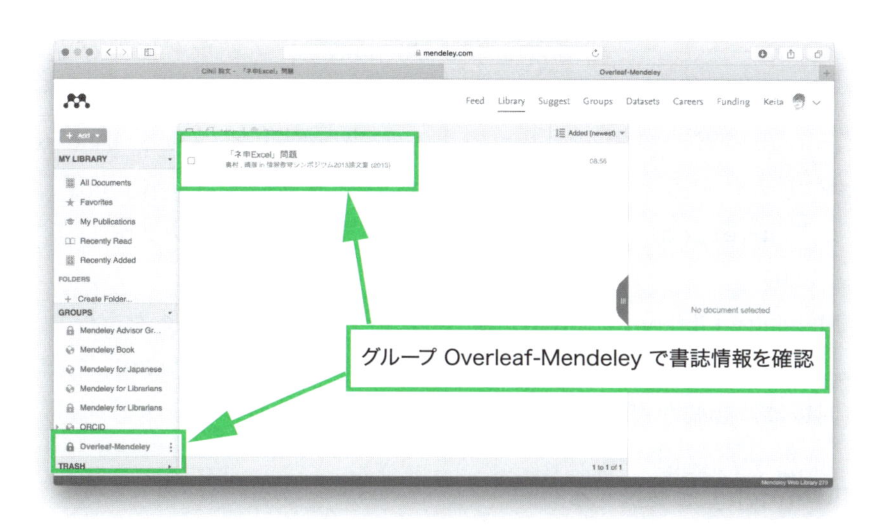

図 4.26　インポートが完了②

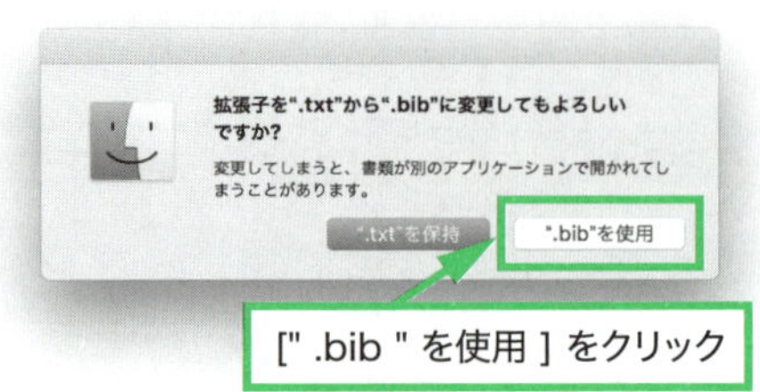

図 4.27　拡張子 .txt を削除するようファイル名を変更

先のファイルをダウンロード] を選択します．ダウンロードしたファイルはTXT形式で保存されますので，拡張子 .txt を削除するようファイル名を変更します．拡張子変更の確認画面がポップアップ表示されたら，[".bib"を使用] をクリックしてください（図 4.27）．

次に，Mendeley へ .bib ファイルをインポートします．

Mendeley Library の画面左上から [Add] → [Import BibTeX(.bib)] を選択し（図 4.28），ダウンロード，拡張子変更した .bib ファイルを選択します．Mendeley Library に書誌情報が正しくインポートされていることを確認できます．

インポートした書誌情報は [All Documents] フォルダに保存されます．これを，グループ Overleaf-Mendeley にコピーします．コピーしたい書誌情報をクリックし，中央画面上部にある [Add to] をクリックするとポップアップ画面が表示されます．[Groups] タブから Overleaf-Mendeley を選択し，[Share] をクリックします（図 4.29）．

Mendeley Library → [GROUPS] → Overleaf-Mendeley を選択すると，書誌情報がコピーされていることを確認できます（図 4.30）．

同様に，必要な書誌情報をグループに保存します．

■Mendeley と連携する

Overleaf で，[Menu] 下部にある [Upload] をクリックし，ポップアップ画面から [From Mendeley] → [Link to Mendeley] → [Create] を選択し

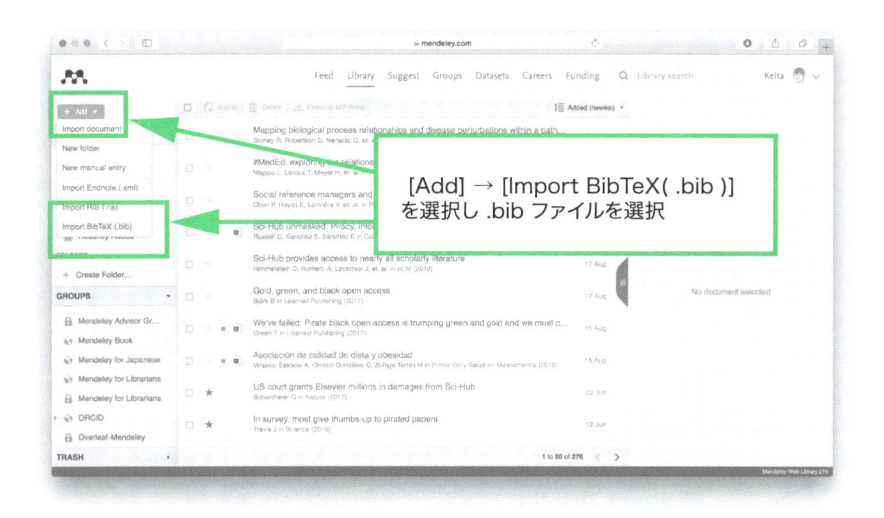

図 4.28　Mendeley へ .bib ファイルをインポート

図 4.29　インポートした書誌情報を，グループにコピー

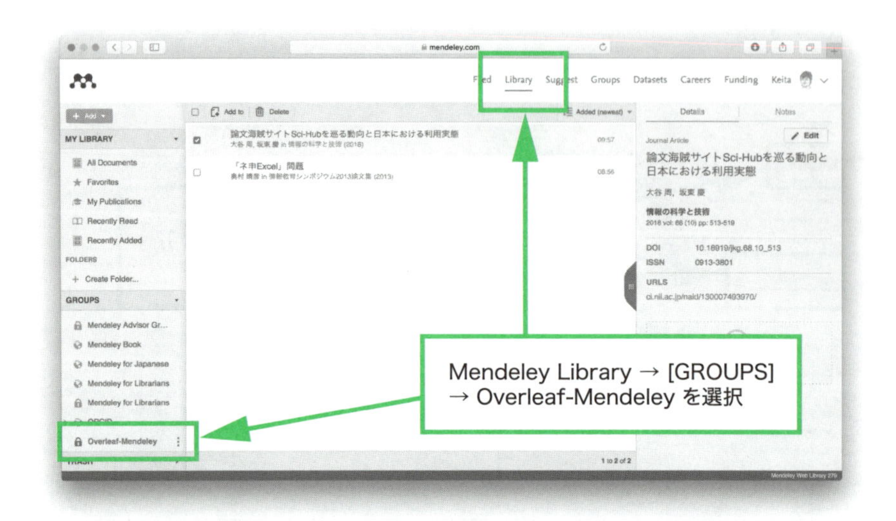

図 4.30　書誌情報がコピーされていることを確認

ます（図 4.31）.

Mendeley の認証画面にジャンプしますので，あなたの Mendeley アカウント（メールアドレスとパスワード）を入力し，[Authorize] をクリックすれば（図 4.32），**Overleaf** と Mendeley の連携設定は完了です．

■Mendeley と連携する BIBTEX ファイルを設定する

Mendeley と連携する BIBTEX ファイルを設定します．

[Select a Group (optional)] から，**Overleaf** に読み込みたい BIBTEX ファイル（ `Overleaf-Mendeley` ）を選択します．

[File name in this project] にファイル名を入力し▶，[Create] をクリックすると（図 4.33），**Overleaf** に Mendeley の書誌情報が自動的にインポートされます（図 4.34）.

▶本項ではファイル名を `Overleaf-Mendeley.bib` とします．

■Mendeley で書誌情報を修正し，Overleaf で再読み込みする

Mendeley と連携した書誌情報を修正したい場合，**Overleaf** では修正

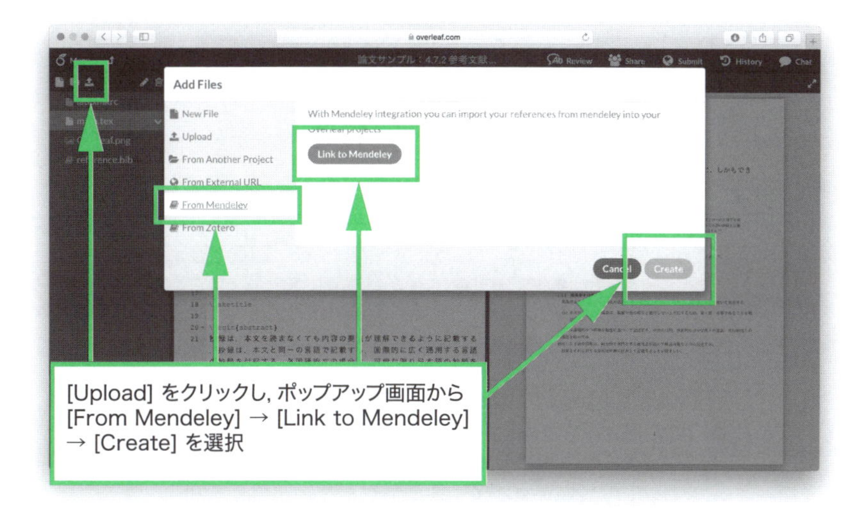

図 4.31　Mendeley と連携

図 4.32　Mendeley の認証画面

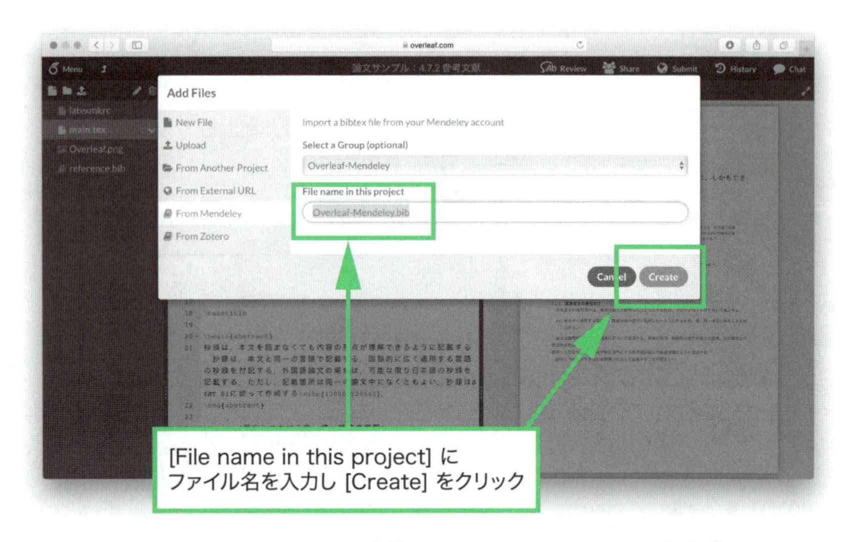

図 4.33　Mendeley と連携する BIBTEX ファイルを設定①

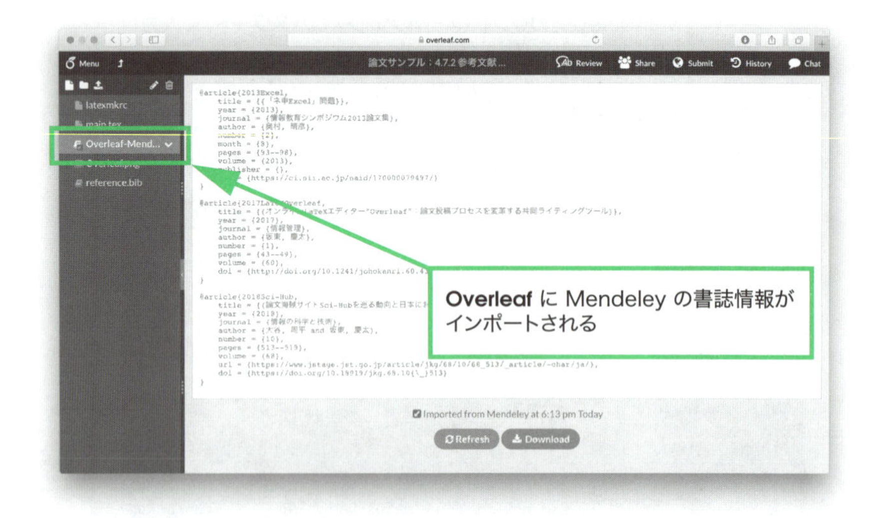

図 4.34　Mendeley と連携する BIBTEX ファイルを設定②

できません．

その場合，Mendeley で書誌情報を修正し，その後 **Overleaf** で再読み込みする，という手順で進めます．

CiNii から書き出した書誌情報には修正すべき箇所「氏名の間のカンマ (,) を削除する」が必要です（4.6.1 参照）．この修正を，Mendeley のグループ `Overleaf-Mendeley` 上で行います．

Mendeley Library からグループ `Overleaf-Mendeley` を選択し，修正したい書誌情報をクリックして，右画面にある [Edit] をクリックします（図 4.35）．

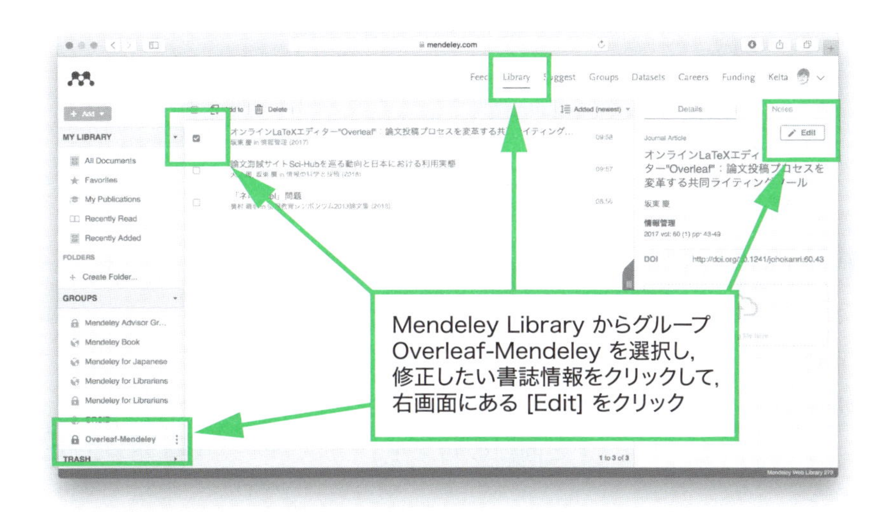

図 4.35　Mendeley で書誌情報を修正

書誌情報を修正（氏名の間のカンマ (,) を削除）し，[Save] をクリックします．同様に，全ての書誌情報を修正し終えます．

最後に，**Overleaf** の Project で `.bib` ファイル（`Overleaf-Mendeley.bib`）を選択し，[Refresh] をクリックします．

Mendeley で修正した内容が，**Overleaf** に反映されていることを確認できます（図 4.36）．

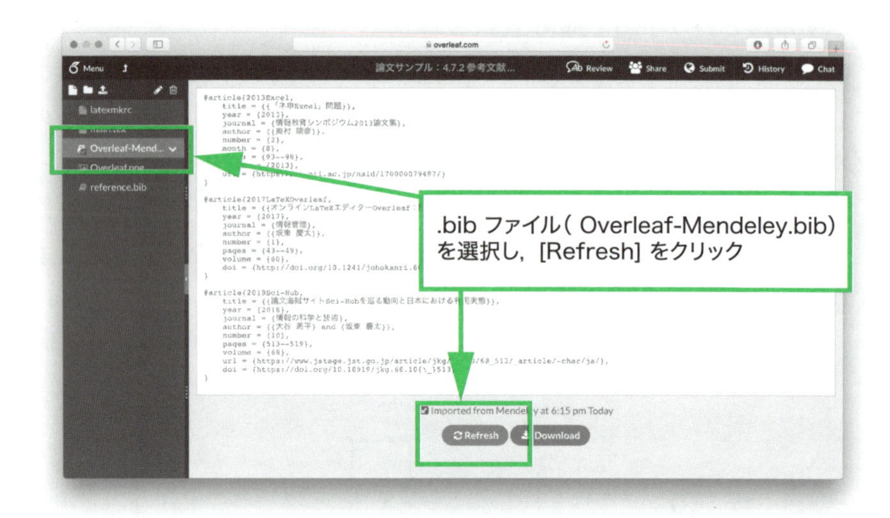

図 4.36　**Overleaf** で BibTeX ファイルを再読み込み

■\cite コマンドと\bibliography コマンドを使って，引用符符号と参考文献リストを出力する

main.tex で\cite コマンドと\bibliography コマンドを使って，引用符符号と参考文献リストを出力します（4.6.1 参照）.

コンパイルして，4.6.1 と同様の結果を PDF ビューアで確認します.

4章のまとめ

学術論文の執筆と構成（SIST 08）に準拠して論文を執筆する

- ☑ 独立行政法人科学技術振興機構が公開する「学術論文の執筆と構成（SIST 08）」に沿って，**Overleaf** で論文を執筆する．
- ☑ 参照文献は，「参照文献の書き方（SIST 02）」に従って記載する．

論文執筆の際によく使われる LaTeX コマンドを習得する

- ☑ 本文で頻繁に使う「段落」「改行」「箇条書き」を表す LaTeX のコマンドを習得する．
- ☑ 本文で頻繁に使う「書体」「文字サイズ」「特殊文字」を表す LaTeX コマンドを習得する．

他サービスと連携して効率良く論文を執筆する

- ☑ 数式は，インライン数式モードとディスプレイ数式モードの違いを理解し，Mathpix と連携して効率良く書く．
- ☑ 参照文献は，SIST 02 に従い，BibTeX や文献管理ツール Mendeley などと連携して効率良く書く．

column

LaTeX で使う図

LaTeX での最終産物が PostScript ファイルだった時代には，`\includegraphics` コマンドで挿入する図は EPS 形式にするのが常識でした．しかし，今や最終産物は PDF ファイルが一般的ですので，挿入する図の形式は PDF（および LaTeX システムが比較的簡単に PDF に変換できる PNG，JPEG）が推奨です．

Overleaf でも EPS 形式の図を扱うことはできます．その場合，**Overleaf** サーバの中で Ghostscript というプログラムが働いて，EPS 形式から PDF 形式に変換されます．日本語（Ryumin-Light，GothicBBB-Medium）は IPA フォントをベースとした Takao-PMincho，Takao-PGothic に置き換えて埋め込まれるようです．その際に余計な時間がかかりますし，場合によっては変換に失敗することもありますので，なるべく PDF，PNG，JPEG を使いましょう．すでにある EPS ファイルは PDF に変換し，本文とマッチしたフォントを埋め込んでおきましょう．

画面スクリーンショットは PNG，写真は JPEG，それ以外はケース・バイ・ケースですが，迷ったら PDF にしましょう．特に **Overleaf** では，コンパイルが遅いとタイムアウトしてしまいますので，PNG や JPEG が大量にある場合は，あらかじめ PDF に変換しておきましょう．

（なお，本書の制作では，コンパイルをさらに高速化するために，すべての PDF ファイルに対して `extractbb` コマンドで `.xbb` ファイルをあらかじめ生成しておくという手を，啓文堂の宮川憲欣さんが講じてくださいました．）

5章 Overleaf で手軽に文書を作成する

4章では，**Overleaf** でゼロから論文を作成する手順を詳細に解説しました．実は，**Overleaf** にはもっとより手軽に論文やその他の文書を作成する方法があります．

本章では，他のユーザが公開している Project をダウンロードして使う Templates 活用法，学会が公開しているスタイルファイルを **Overleaf** で使う方法，プレゼン資料や科研費 LaTeX を **Overleaf** で書く方法を解説します．

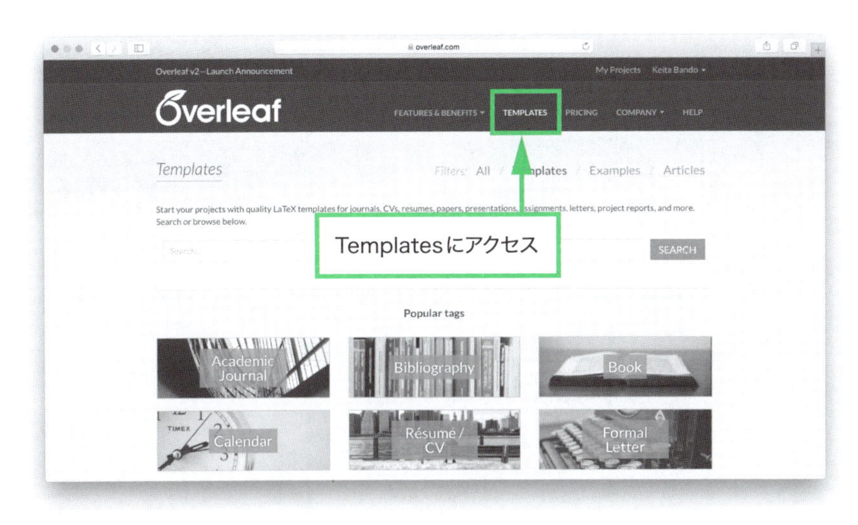

図 5.1　Templates を利用

5.1 Templatesを利用する

5.1.1 Templates で Project を検索する

Templates[1] にアクセスすると，論文投稿用の原稿フォーマットの他，学会やカンファレンスなどで発表する際に利用するポスターやプレゼン資料の原稿フォーマットが豊富に揃っています（図 5.1）．これらを誰もが自由にダウンロードして再利用することができます．**Overleaf** のユーザがアップロードした原稿フォーマットが大多数ですが，学術出版社の公式原稿フォーマットもあります．

Templates の画面内にある検索ボックスに [学会] と入力してみます（図 5.2）．検索ボックスの下に検索結果が一覧表示され，幾つか日本の学会原稿フォーマットを確認することができます．

図 5.2　Templates で Project を検索

[1] Templates - Journals, CVs, Presentations, Reports and More https://www.overleaf.com/latex/templates

5.1.2 Templatesから学会の原稿フォーマットをダウンロードする

Templates から Project をダウンロードするのはとても簡単です．

例えば，検索結果一覧から「情報処理学会論文誌テンプレート（2018年11月6日版より）IPSJ Journal template」を選択し，[Open as Template] をクリックするだけで（図5.3），Templates から Project をダウンロードできたことになります（図5.4）．

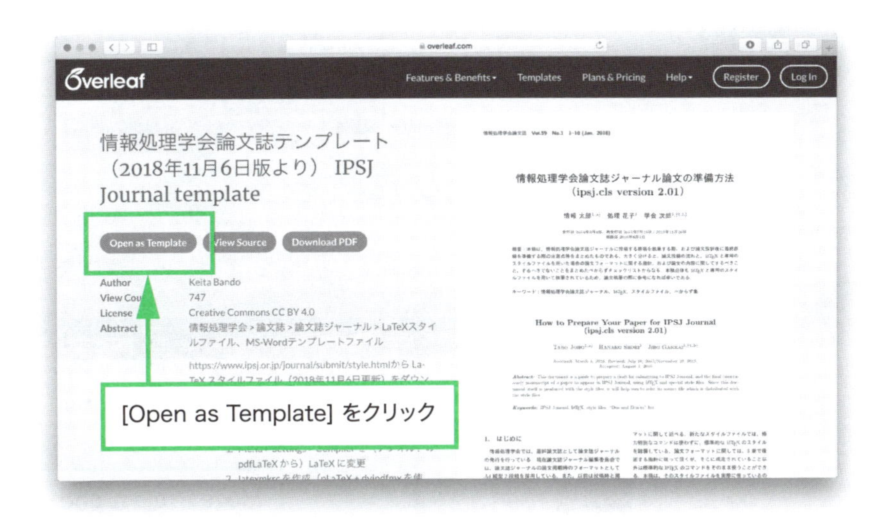

図5.3　Templatesから学会テンプレートをダウンロード①

なお，**Overleaf** v1で作成したProjectを**Overleaf** v2で開こうとすると，警告画面が表示されます（図5.5）．**Overleaf** v1は2019年1月にサービスを終了しており，**Overleaf** v2でしか開くことはできません．画面内の [Move Project and Continue] をクリックして，**Overleaf** v2でProjectを開きます．

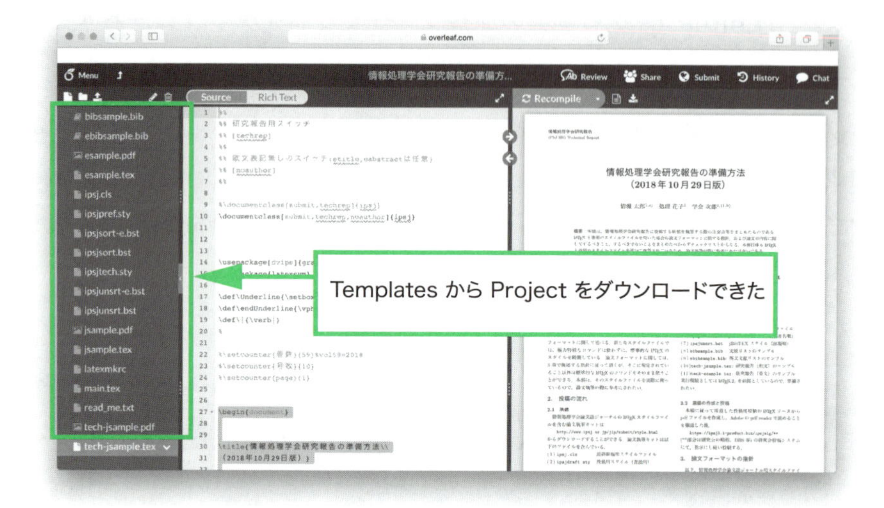

図 5.4　Templates から学会テンプレートをダウンロード②

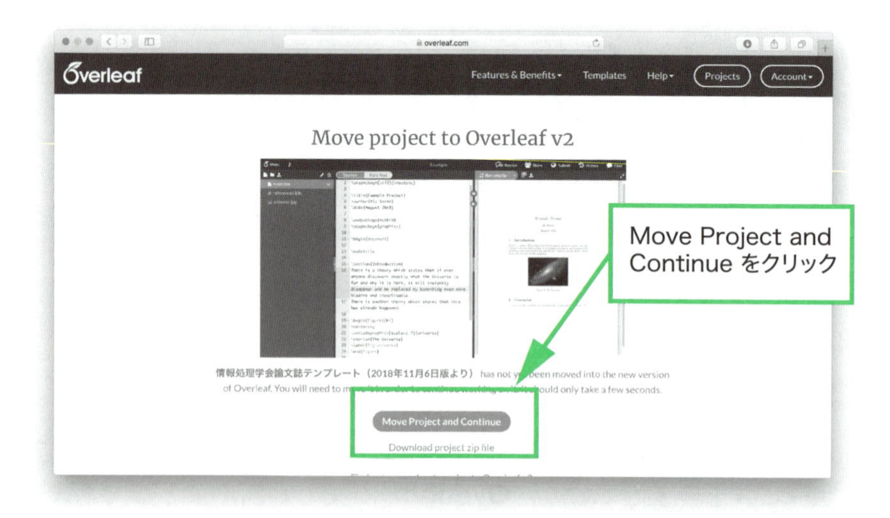

図 5.5　**Overleaf** v1 で作成した Project を **Overleaf** v2 で開く際に表示される警告画面

5.1.3 Templatesからプレゼン資料をダウンロードする

せっかくLaTeXエディタを使って論文を書いたので，学会などで研究成果を発表するプレゼン資料も，Microsoft PowerPointやKeynoteではなくLaTeXエディタを使いたいものです．

Templatesには，プレゼン資料のテンプレートも豊富にあります．それらの多くは，LaTeXでプレゼン資料を作成するためのパッケージBeamerで作られています．

本項では，Beamerで作られたProjectを，Templatesからダウンロードして使う方法を紹介します．

■Beamerで作成されたプレゼン資料をダウンロードする

先ずはTemplatesで，Beamerとタグ付けされたProject[2)]からお気に入りを検索します（図5.6）．

本項では例として，人気テーマのひとつMetropolisを使ったプレゼン資料をダウンロードします（図5.7）．

[Open as Template]をクリックして，TemplatesからProjectをダウンロードします（図5.8）．

■プレゼン資料で日本語を使えるように設定する

コンパイラの設定を確認すると，XeLaTeXとなっています．このままでは日本語の出力がうまくいきません．そこで，プリアンブルに次の通り\usepackageコマンドを書きます▶．

プレゼン資料で日本語を使えるように設定

```
\usepackage{zxjatype}
\usepackage[ipa]{zxjafont}
```

▶ZXjatypeは，XeLaTeXで日本語の標準的な組版を行うためのパッケージ．ZXjafontは，pLaTeXにおいて一般的なフォント設定をXeLaTeXでも簡単に行うためのパッケージ．

2) Gallery — Beamer https://www.overleaf.com/gallery/tagged/beamer

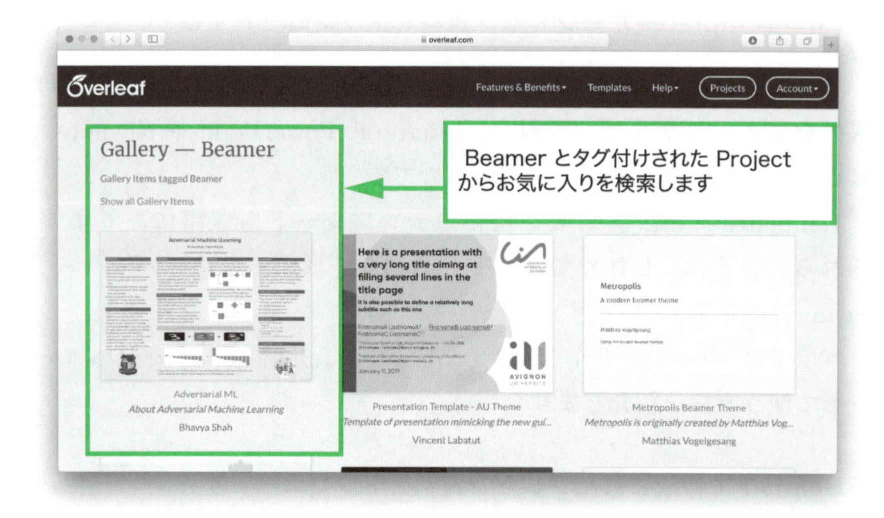

図 5.6　Templates からプレゼン資料をダウンロード①

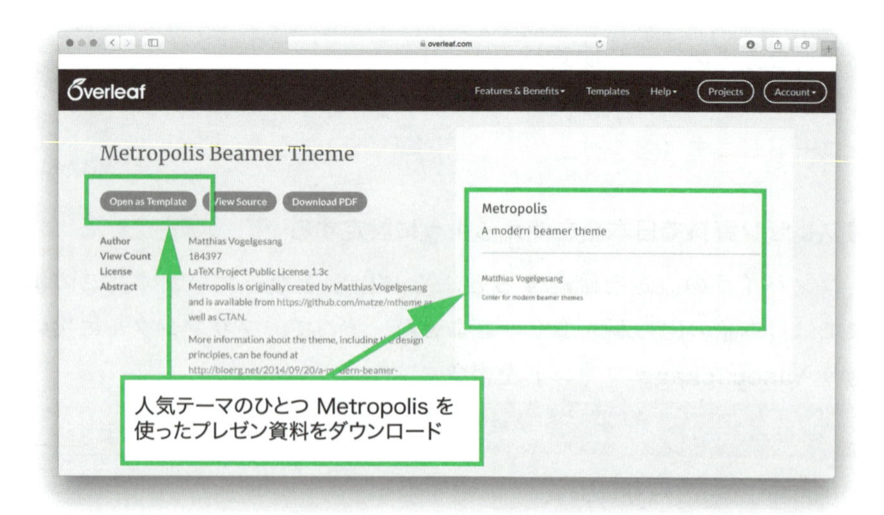

図 5.7　Templates からプレゼン資料をダウンロード②

日本語を入力し，コンパイルして，PDF ビューアで確認します（図 5.9）．

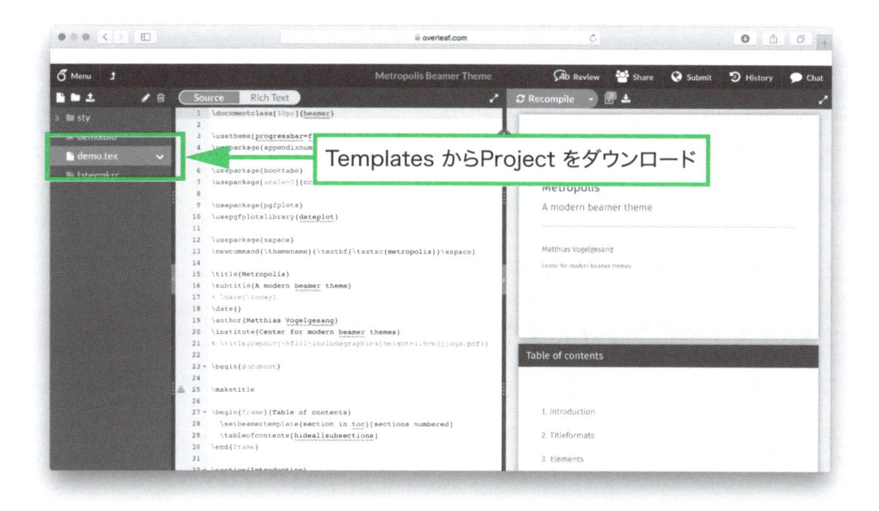

図 5.8　Templates からプレゼン資料をダウンロード③

図 5.9　プレゼン資料で日本語を使えるように設定

5.2　スタイルファイルをインポートする

Templates には，残念ながら日本の学会原稿フォーマットが多くはありません．しかし，利用したい学会のスタイルファイルがインターネット上に公開されていれば，それを **Overleaf** にアップロードして使うことができます．

本節では例として，日本数学会が公開しているスタイルファイルを **Overleaf** で使う方法を解説します．

5.2.1 学会のスタイルファイルを使う

■学会のスタイルファイルをダウンロードする

先ず，日本数学会が公開しているスタイルファイルのページ[3)] にアクセスし，ファイル一式をダウンロードします（図 5.10）．

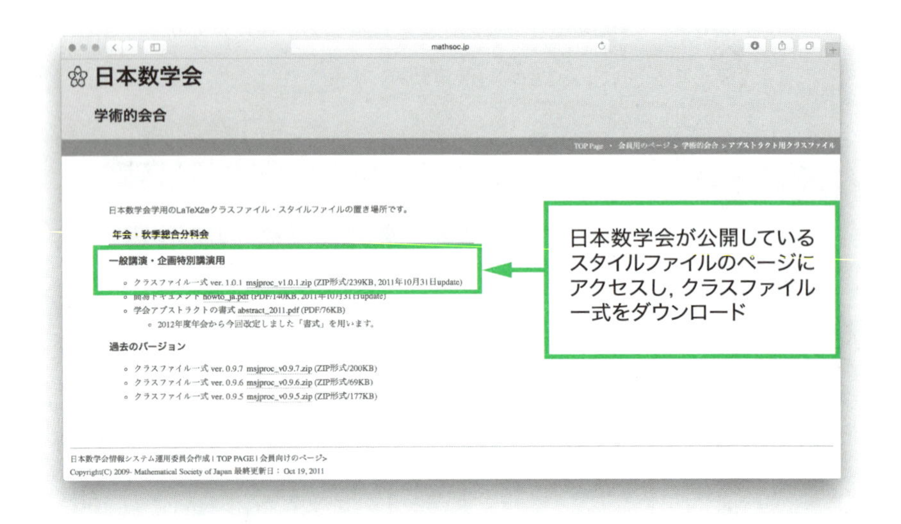

図 5.10　学会のスタイルファイルをダウンロード

次に，**Overleaf** で日本語を使えるように設定します（3.4 参照）．

[3)] 日本数学会・学術的会合・TEX Class files http://mathsoc.jp/meeting/texstyle/

本項では pLaTeX を使用するため，`latexmkrc` ファイルを次の通り作成します．

pLaTeX の場合

```
$ENV{'TZ'} = 'Asia/Tokyo';
$latex = 'platex';
$bibtex = 'pbibtex';
$dvipdf = 'dvipdfmx %O -o %D %S';
$makeindex = 'mendex %O -o %D %S';
$pdf_mode = 3;
```

■スタイルファイルを **Overleaf** へアップロードする

Project を作成したら，日本数学会の Web サイトからダウンロードしたファイル一式から，スタイルファイル msjproc.cls を **Overleaf** へアップロードします（図 5.11）．

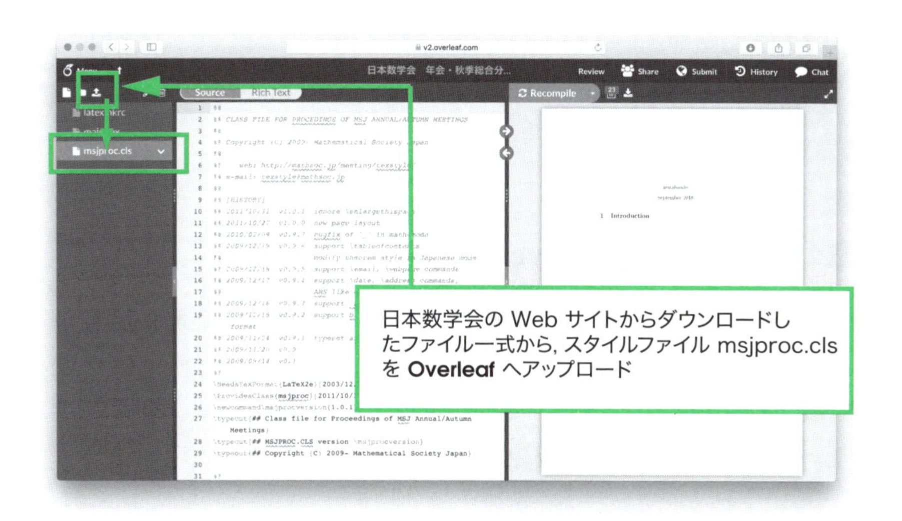

図 5.11　スタイルファイルを **Overleaf** へアップロード

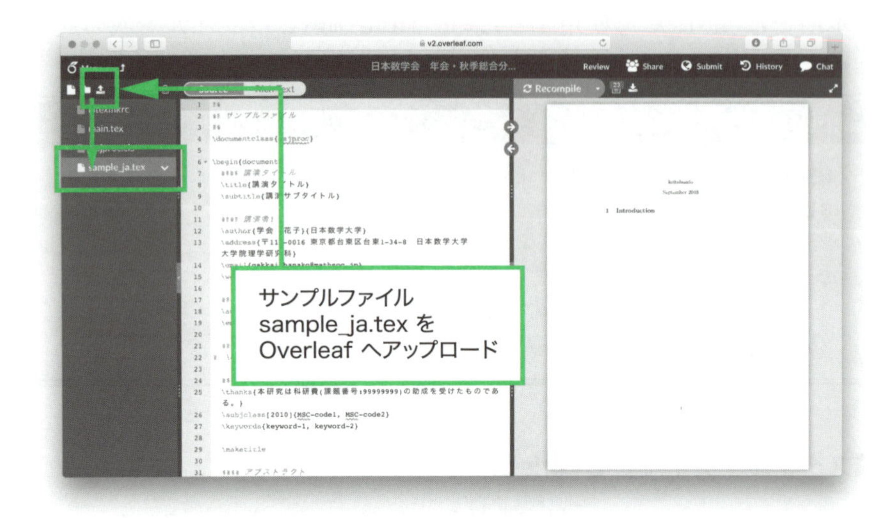

図 5.12　サンプルファイルを Overleaf へアップロード①

■サンプルファイルを Overleaf へアップロードする

次に，サンプルファイル `sample_ja.tex` を Overleaf へアップロードします（図 5.12）．

最後に，サンプルファイル `sample_ja.tex` の全てのソースを選択して `main.tex` にコピー&ペーストします．

▶または，[Menu] → [Settings] → [Main document] を `main.tex` から `sample_ja.tex` に変更する．

コンパイルして，PDF ビューアで確認します（図 5.13）．

5.2.2　科研費 LaTeX を Overleaf で使う

2006 年秋から日本学術振興会の数物系科学専門調査班の活動の一つとして作られ始めた"科研費 LaTeX"[4] は，日本学術振興会と文部科学省の科学研究費補助金の応募の書類を LaTeX で書くための道具として，大阪大学の山中卓先生（大学院理学研究科物理学専攻）に

[4] 科研費 LaTeX - 2018 年秋応募分 http://osksn2.hep.sci.osaka-u.ac.jp/~taku/kakenhiLaTeX/index.html

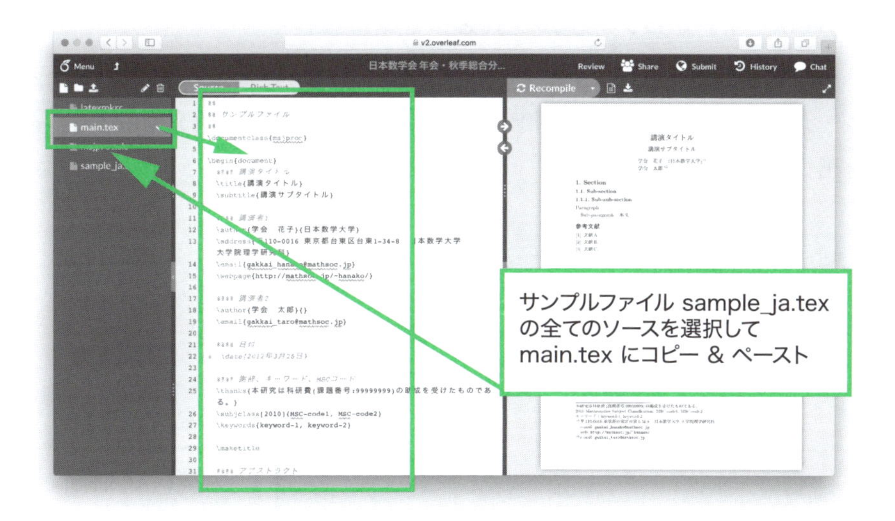

図 5.13　サンプルファイルを **Overleaf** へアップロード②

よって毎年春と夏に全ての種目の原稿フォーマットが更新されています▶.

この科研費 LaTeX を **Overleaf** で使うことができます.

▶2017 年秋からは，日本学術振興会からの依頼に基づいて作成されています.

> Cloud LaTeX では，科研費 LaTeX のすべての種目の原稿フォーマットをダウンロードすることができます．2019 年春からは，**Overleaf** でもすべての種目の原稿フォーマットが Templates からダウンロードできるようになる予定で，そうなればより簡単に科研費 LaTeX を使い始めることができます.

■Webサイトからファイル一式をダウンロード

科研費 LaTeX の Web サイト (6. Download) から，必要な種類のファイル一式をダウンロードします．本項では例として，若手研究 (utf/single) を選択します（図 5.14）．

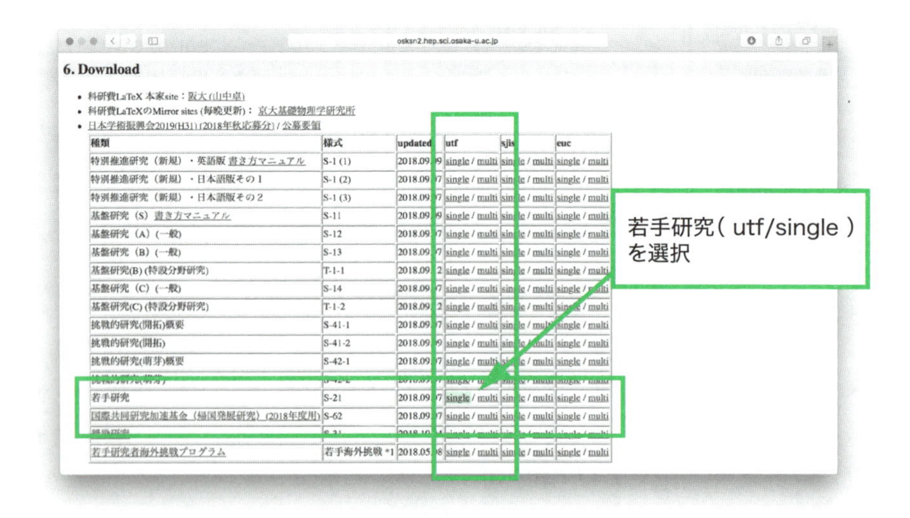

図 5.14　科研費 LaTeX のファイル一式をダウンロード

■Overleafで日本語を使えるように設定する

次に，**Overleaf** で日本語を使えるように設定します（3.4 参照）．

本項では pLaTeX を使用するため，`latexmkrc` ファイルを次の通り作成します．

pLaTeX の場合

```
$ENV{'TZ'} = 'Asia/Tokyo';
$latex = 'platex';
$bibtex = 'pbibtex';
$dvipdf = 'dvipdfmx %O -o %D %S';
$makeindex = 'mendex %O -o %D %S';
$pdf_mode = 3;
```


■**Overleaf** にファイル一式をアップロードする

ダウンロードしたフォルダ/ファイル構成（図 5.15）と同じになるよう，**Overleaf** にファイル一式をアップロードします（図 5.16）.

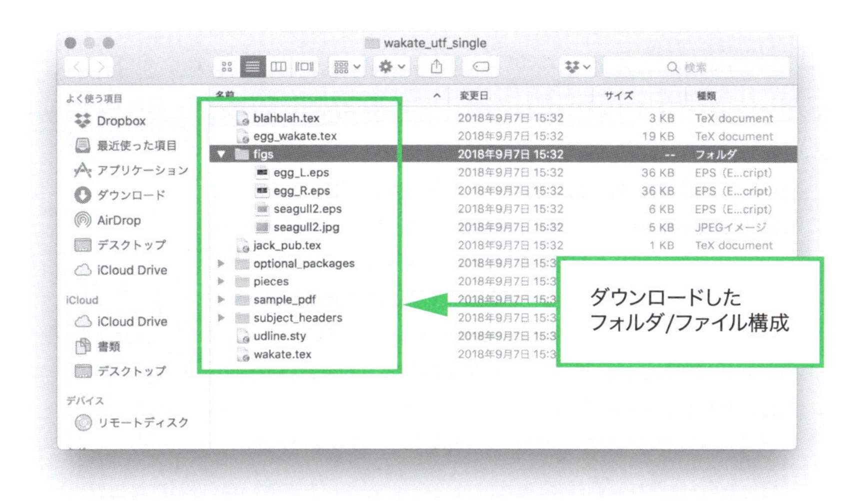

図 5.15　**Overleaf** にファイル一式をアップロード①

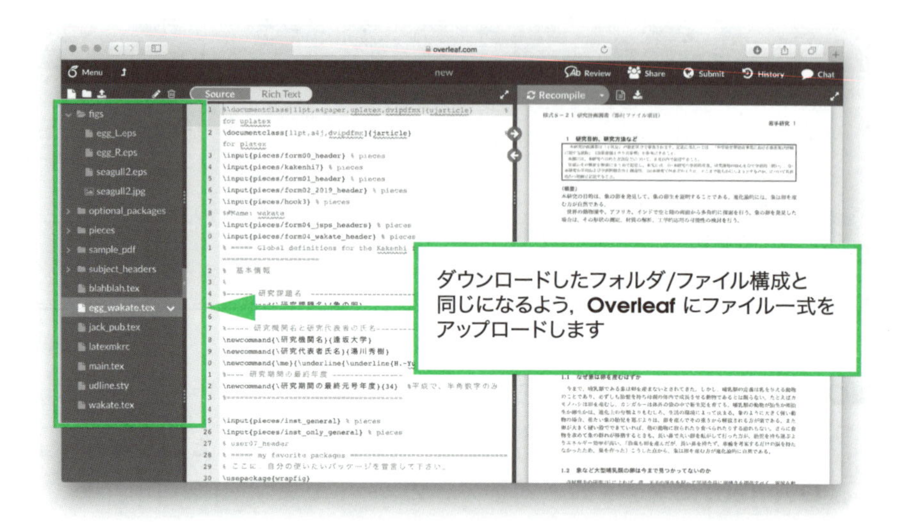

図 5.16　Overleaf にファイル一式をアップロード②

■コンパイル対象ファイルを egg_wakate.tex に変更する

最後に，[Menu] → [Settings] → [Main document] を main.tex から egg_wakate.tex に変更します▶.

▶または，サンプルファイル egg_wakate.tex の全てのソースを選択して main.tex にコピー&ペーストします.

コンパイルして，PDF ビューアで確認します.

5章のまとめ

Templatesを利用する

- ☑ 学会の原稿フォーマットがTemplatesにアップロードされていないか，先ずはTemplatesを検索してみる．
- ☑ プレゼン資料の原稿フォーマットもTemplatesにたくさんアップロードされている．特に，Beamerで作成されたプレゼン資料はテーマも豊富．好みのテンプレートをダウンロードして，日本語を使えるよう設定する．

スタイルファイルをインポートする

- ☑ Templatesに探している原稿フォーマットが見つからなかった場合，学会などが公開しているスタイルファイルを**Overleaf**にインポートする．
- ☑ 科研費LaTeXも **Overleaf** にファイル一式をアップロードすることで利用できる．

国産オンライン LATEX エディタ Cloud LATEX

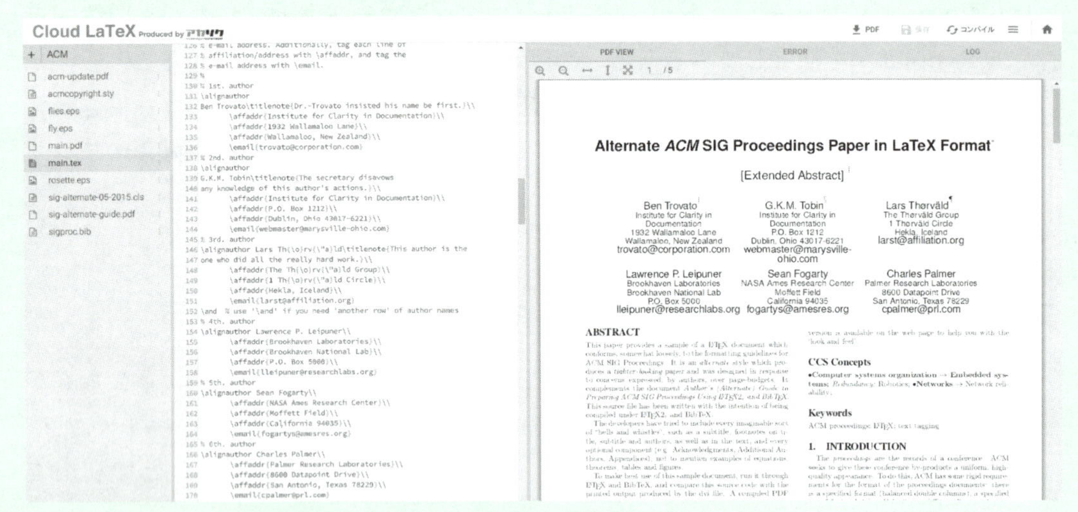

図 5.17　株式会社アカリクが提供する Cloud LATEX

オンライン LATEX エディタは **Overleaf** や Authorea といった海外製品ばかりではありません．株式会社アカリクが 2014 年 7 月に β 版をリリースした Cloud LATEX (https://cloudlatex.io) は唯一の国産オンライン LATEX エディタです（図 5.17）．英語・日本語・中国語・ハングルなどマルチバイト言語に対応するという点が海外サービスにはない特徴．pLATEX や upLATEX がメニューから選択できますので，**Overleaf** のように面倒な設定なしですぐに日本語を使えるのが国産サービスならではの魅力といえるでしょう．また，全ての機能を無料で利用できるという点も見逃せません．Dropbox 連携も，**Overleaf** の場合は有料プランにアップグレードしなければなりませんが，Cloud LATEX なら無料．

海外製品に対する不安がある（国産なら安心），投稿システム連携まで求めてない，日本語 LATEX を気軽に利用したい，何より国産サービスを応援したい！ という方は，ぜひ Cloud LATEX をお試しください．

6章 Project を共有する

Overleaf は他のユーザと共有するために便利な機能が備わっています．本章では，作成した Project を Templates にアップロードする方法，共著者と Project を共有する方法，共同編集する際に便利なコメント・チャット機能の利用方法を解説します．

6.1 Templates にアップロードする

誰もが使える汎用的な Project を作成したら，Templates にアップロードして，他のユーザと共有しましょう．

■Templates にアップロードする

プロジェクト編集画面から [Submit] をクリックします（図 6.1）．

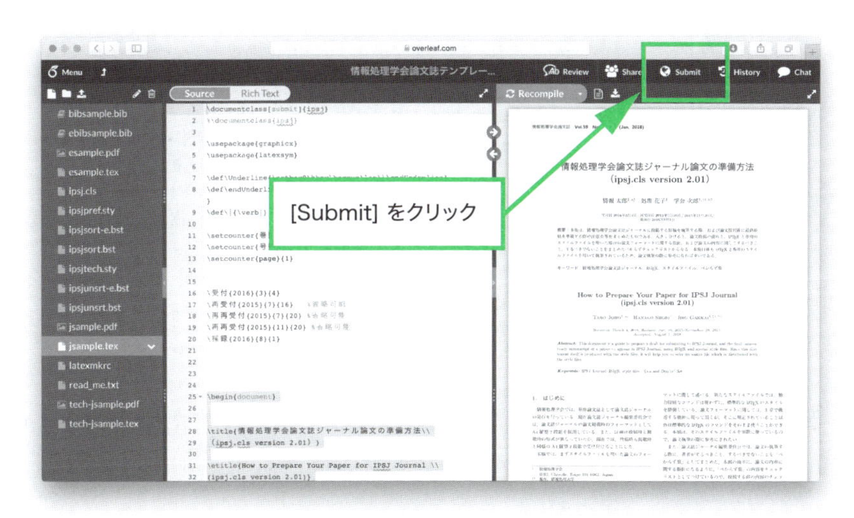

図 6.1　Templates にアップロード①

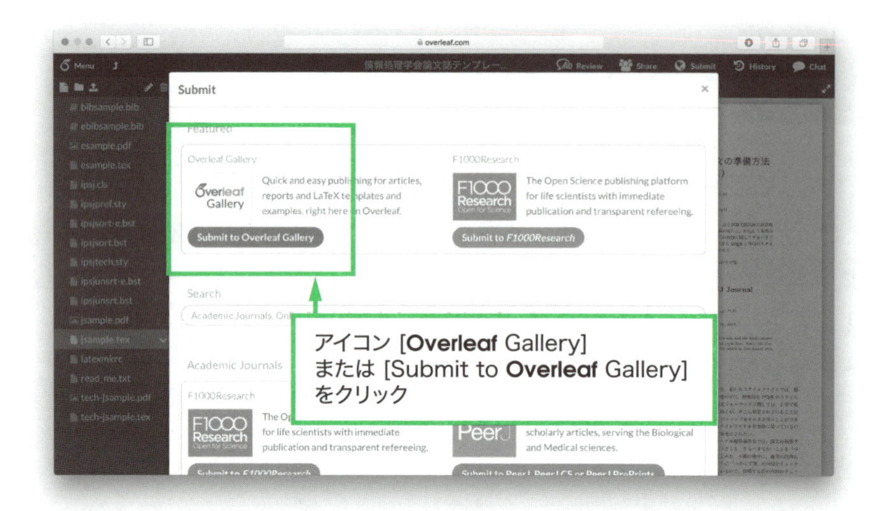

図 6.2　Templates にアップロード②

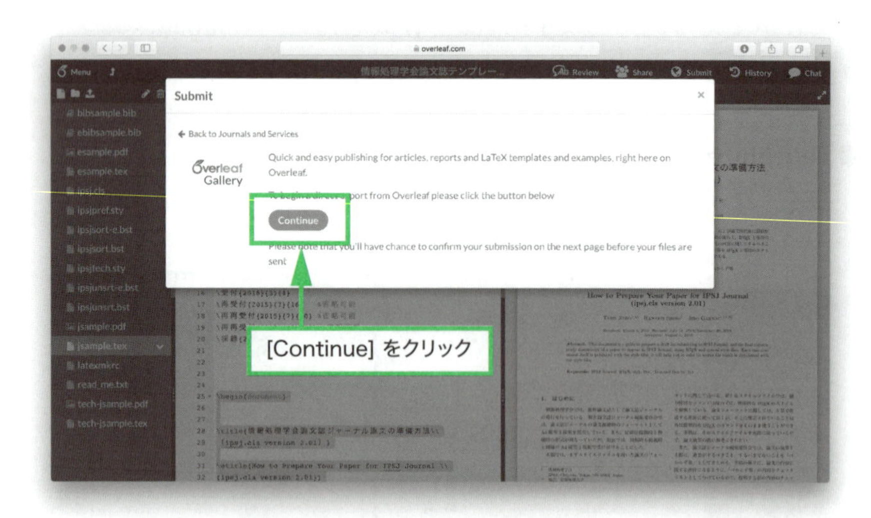

図 6.3　Templates にアップロード③

ポップアップ画面からアイコン [**Overleaf** Gallery] または [Submit to **Overleaf** Gallery] を，次のポップアップ画面から [Continue] をクリックします（図 6.2，図 6.3）.

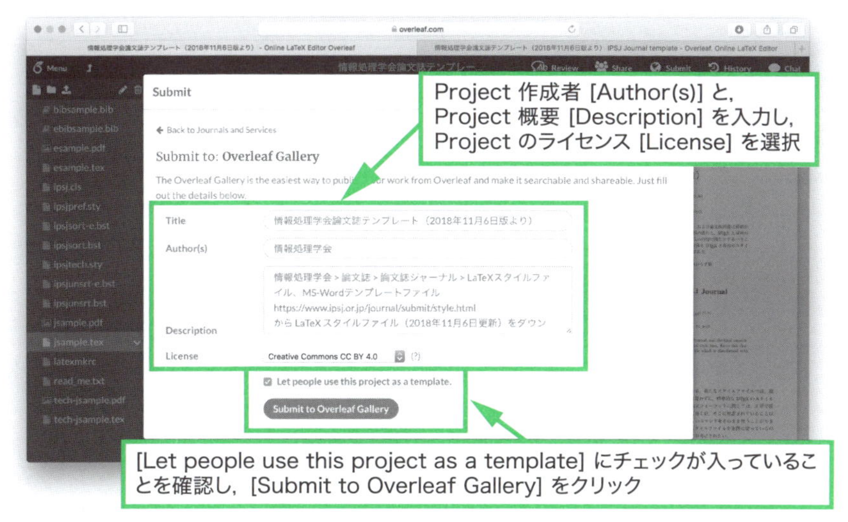

図 6.4　Project 概要を入力

■Project 概要を入力する

Project 作成者 [Author(s)] と，Project 概要 [Description] を入力し，Project のライセンス [License] を選択します▶（図 6.4）．

■Templates のアップロード完了を確認する

[Let people use this project as a template] にチェックが入っていることを確認し，[Submit to Overleaf Gallery] をクリックすると，Templates へのアップロードが開始し，しばらくするとアップロード完了画面が表示されます（図 6.5）．

同時に，**Overleaf** にアカウント登録しているメールアドレス宛てに，アップロードが完了した旨の内容が記されたメールが届きます（図 6.6）．

この時点ではまだ Templates として公開されていません．**Overleaf** 側でアップロードされた内容の審査があり，承認されてから公開となります▶．

▶デフォルト設定されている [Creative Commons CC BY 4.0]（クリエイティブ・コモンズ 表示）とは，作品を複製，頒布，展示，実演を行うにあたり，著作権者の表示を要求するライセンス．サードパーティパッケージへの適用を推奨する LaTeX Project のライセンス [LaTeX Project Public License 1.3c] に変更できます．

▶アップロードが完了してから承認（または非承認）されるまで数日かかります．

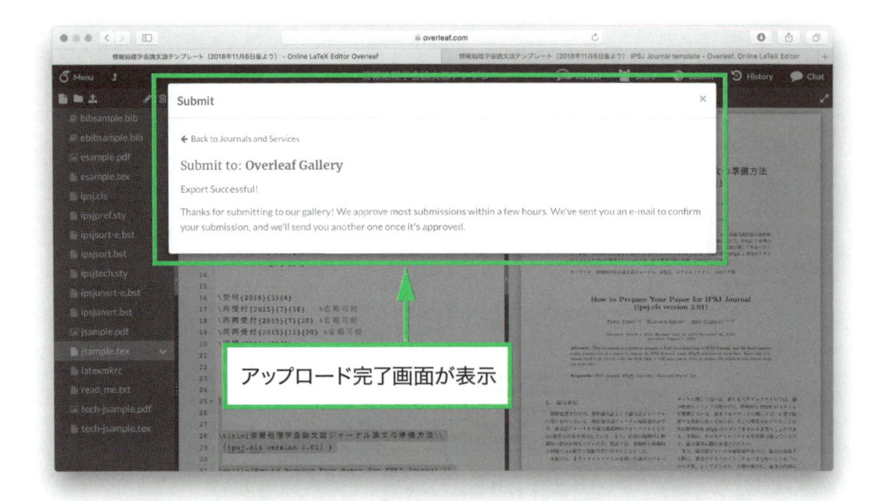

図 6.5　Templates のアップロード完了を確認①

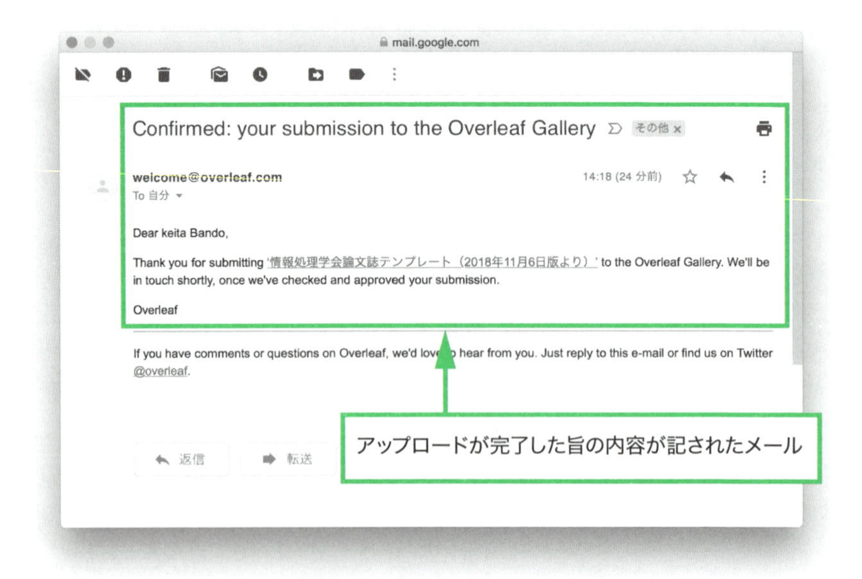

図 6.6　Templates のアップロード完了を確認②

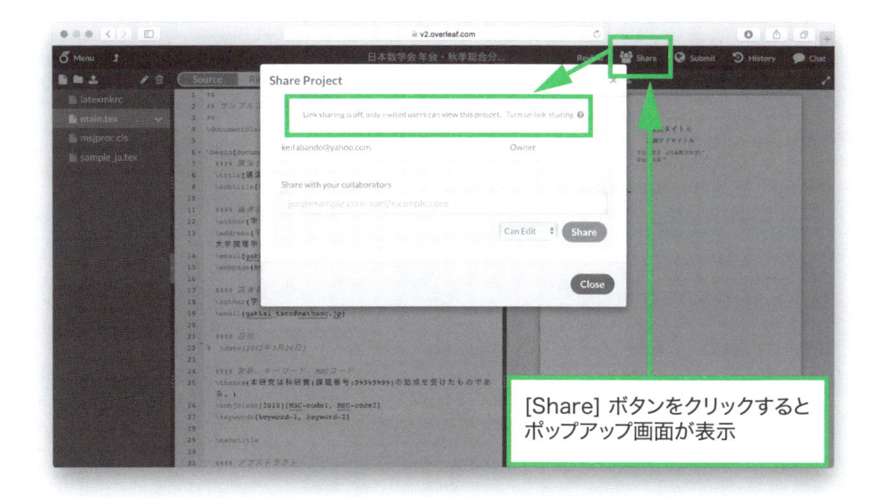

図 6.7　Project を共有①

承認された旨のメールを受信したら，Templates に公開されていることを確認できます．

6.2　Project を共有する

6.2.1　Project を共有する

Project を他のユーザと共有することができます．

共有したい Project を開き，画面右上にある [Share] ボタンをクリックするとポップアップ画面が表示されます（図 6.7）．デフォルトは共有できないよう設定されていますので，ポップアップ画面上に表示されている [Turn on link sharing] をクリックして共有可能となるよう設定変更します．ポップアップ画面内の表示が切り替わり，共有可能なリンクが生成されます（図 6.8）．

共有する方法には 2 通りあり，ひとつは“編集可能（Can Edit）な共有”，もうひとつは“閲覧のみ（Read Only）の共有”です．

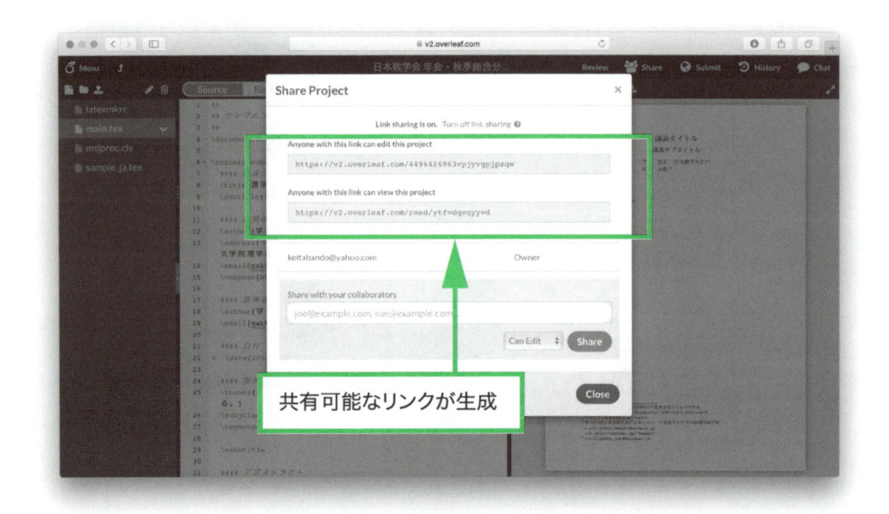

図 6.8　Project を共有②

画面には次の要素が含まれています．

- Turn off link sharing
  これをクリックすると，共有可能なリンクが生成されないようになります．
- Anyone with this link can edit this project
  このリンクを知っている人なら誰でも Project を“編集”することができる共有可能リンクです．
- Anyone with this link can view this project
  このリンクを知っている人なら誰でも Project を“閲覧”することができる共有可能リンクです．
- Owner
  Project 所有者のメールアドレスが表示されます．
- Share with your collaborators
  メールアドレスを入力して，相手に共有可能リンクを知らせることができます．共有方法は“編集可能（Can Edit）”または“閲覧

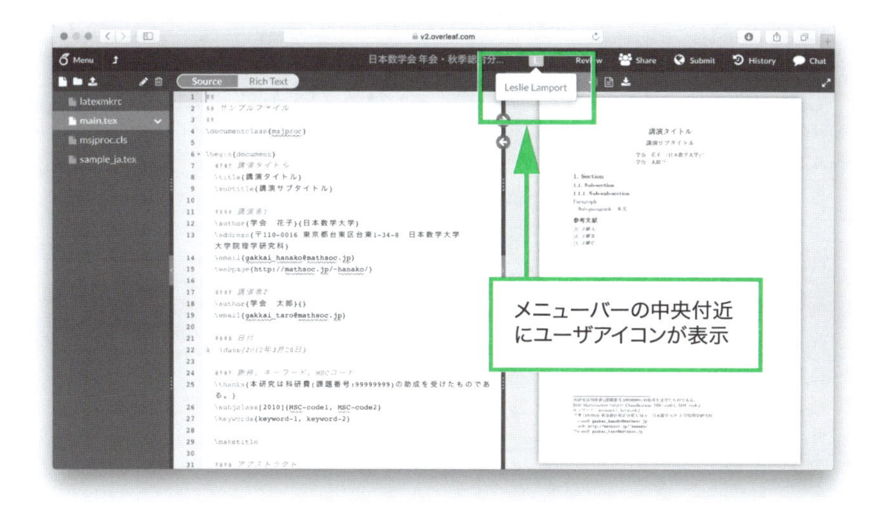

図 6.9 Project を共有③

のみ（Read Only）”のどちらかを選択することができます．

- Can Edit
  これを選択すると，このリンクを知っている人なら誰でも Project を“編集”することができるようになります（デフォルト）．
- Read Only
  これを選択すると，このリンクを知っている人なら誰でも Project を“閲覧”することができるようになります．

共有したユーザが Project にアクセスしている時，メニューバーの中央付近にユーザアイコンが表示されます．アイコンにカーソルを当てるとアカウント名が表示され，誰がアクセスしているかを知ることができます（図 6.9）．

6.2.2 コメント機能を利用する

メニューバーにある [Review] をクリックすると，Source エディタ画

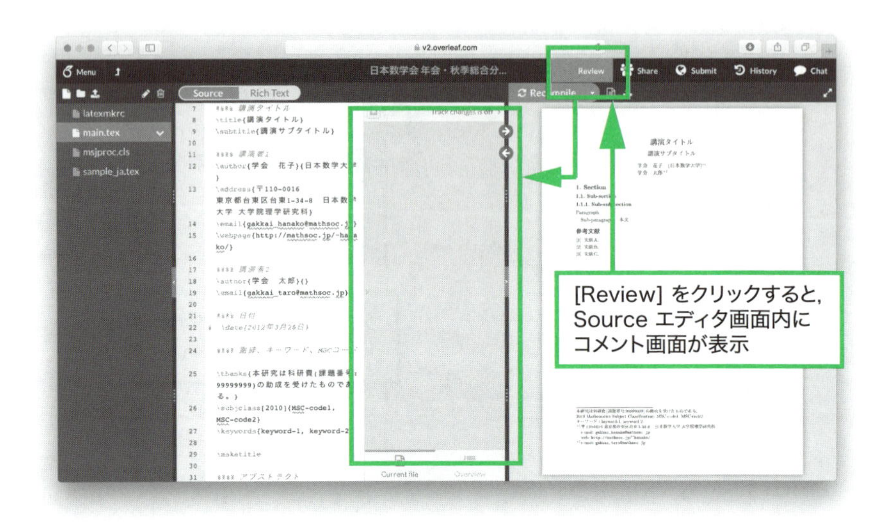

図 6.10　コメント機能を利用

面内にコメント画面が表示されます（図 6.10）.

■コメント画面を表示する

コメント画面の表示形式は2通りあり，コメント画面最下部で Current file か Overview のいずれかを選択することができます▶.

▶デフォルトは Current file.

- Current file
  現在開いているソースにコメントがあれば表示されます（図 6.11）.
- Overview
  全てのコメントが一覧となって表示され，コメントをクリックすると，そのコメントが付いたソース箇所が表示されます（図 6.12）.

■コメント機能を利用する

コメントを付け，表示させ，コメントを外す方法について解説します▶.

▶Google ドキュメントのように，コメント内容をメールしてくれる通知機能はありません．

- コメントする

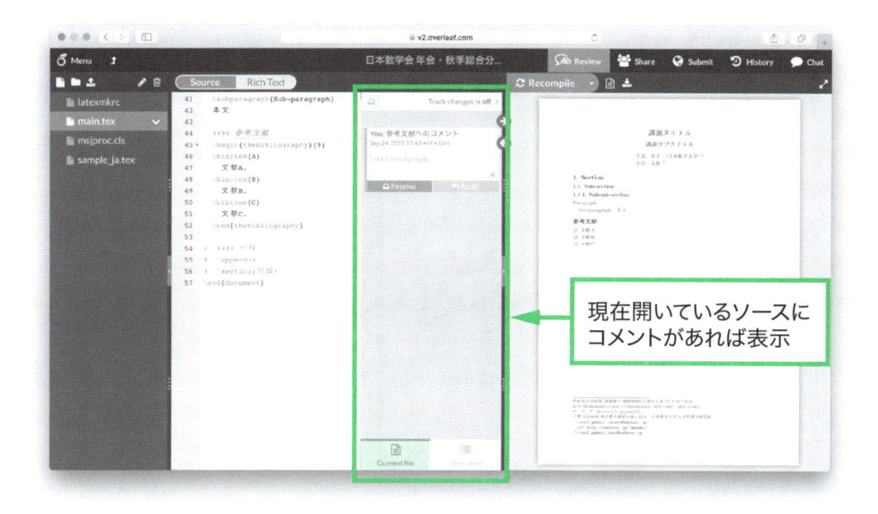

図 6.11　コメント画面を表示（Current file）

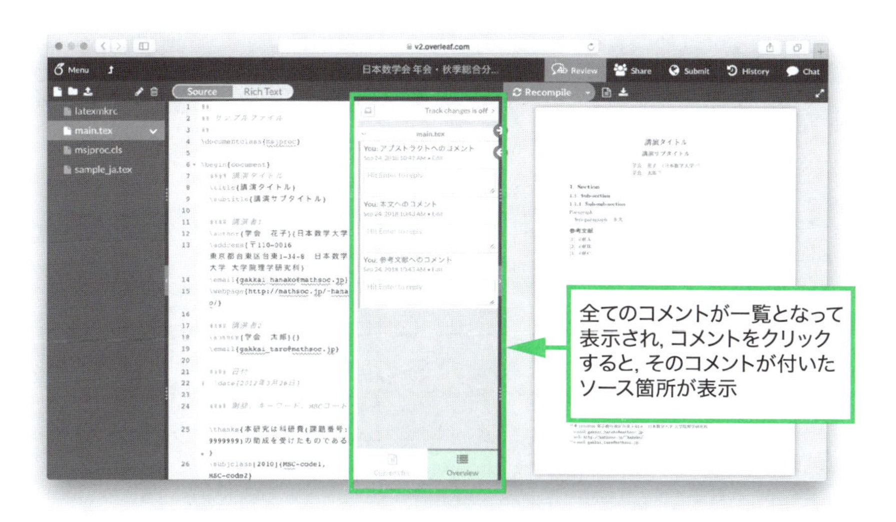

図 6.12　コメント画面を表示（Overview）

ソース内でコメントを付けたい箇所を選択し，コメント画面に表示される [Add comment] をクリックするとコメント入力画面が表示されます（図 6.13）．あとはコメントを入力し，[Comment]

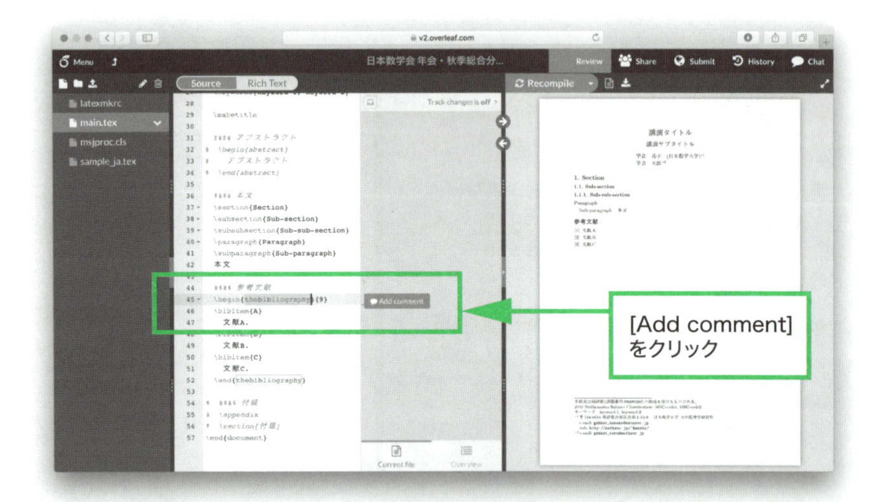

図 6.13　コメント機能を利用（コメントする）①

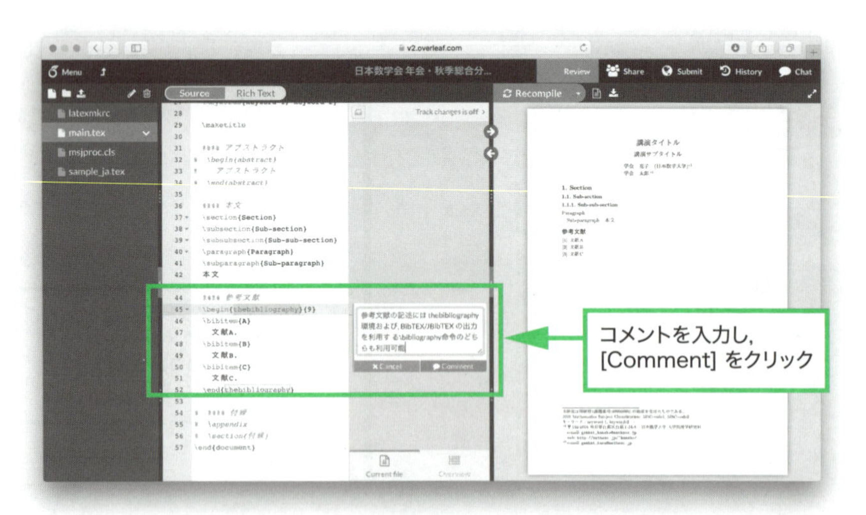

図 6.14　コメント機能を利用（コメントする）②

をクリックするだけです（図 6.14）.

コメント入力をキャンセルする場合は [Cancel] をクリックします.

図 6.15 コメント機能を利用（コメントを編集）

- コメントを編集する
  入力完了したコメントを編集することができます．該当のコメントを表示させて，[Edit] をクリックしてコメント編集を行います（図 6.15）．入力が完了したらエンターキーを押下すれば編集完了です．
- コメント画面を閉じる
  プロジェクト編集画面から [Review] を再びクリックすることでコメント画面を閉じることができます．コメント画面を閉じても，コメントがあることを示すコメントアイコンが表示されます．コメントアイコンにカーソルを合わせれば，コメント画面を表示させなくとも，コメント内容を確認することができます（図 6.16）．

■解決済みにしてコメントを非表示にする

コメントに表示されている [Resolve] をクリックすることで，コメン

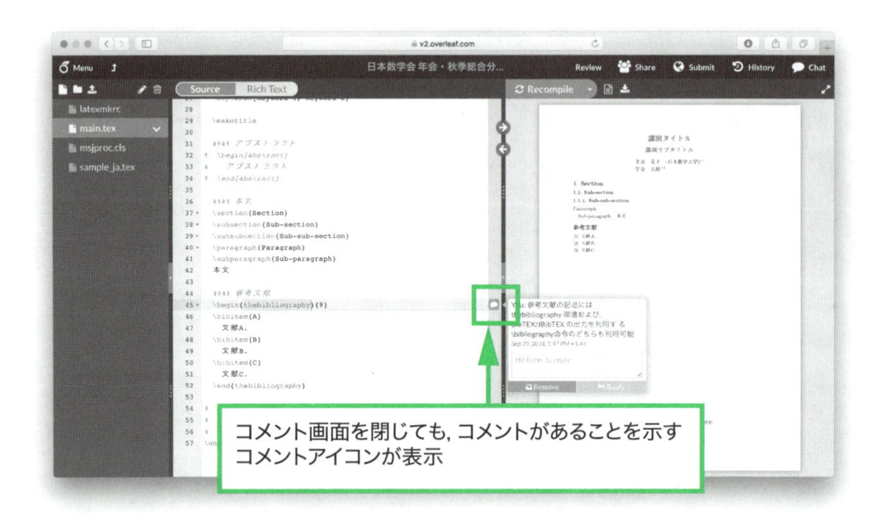

図 6.16　コメント画面を表示させなくとも，コメント内容を確認することができる

トを解決済みにして非表示にすることができます．

■非表示にしたコメントを再表示する

非表示にしたコメントは，コメント画面上位にある [Resolved comments] をクリックすることで再表示させることができます（図 6.17，（図 6.18）．

6.2.3　チャット機能を利用する

Project を共有したユーザと，プロジェクト編集画面でチャットすることができます．

メニューバーにアイコンが表示されていれば，共有したユーザも Project を閲覧しているという証．メニューバー右端にある [Chat] をクリックして，チャットを開始しましょう．

また，Project を共有したユーザが，あなたが Project にアクセスしていない間にメッセージを送信するかもしれません．その場合，次回

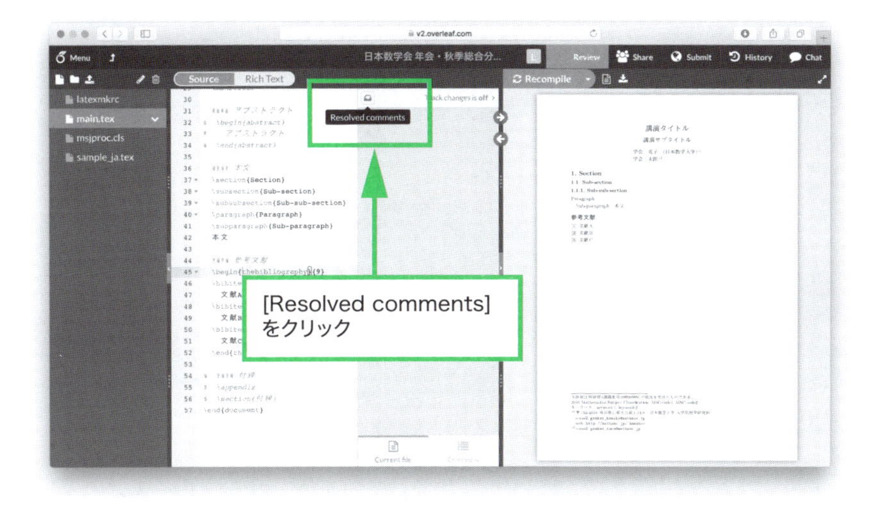

図 6.17　非表示にしたコメントを再表示①

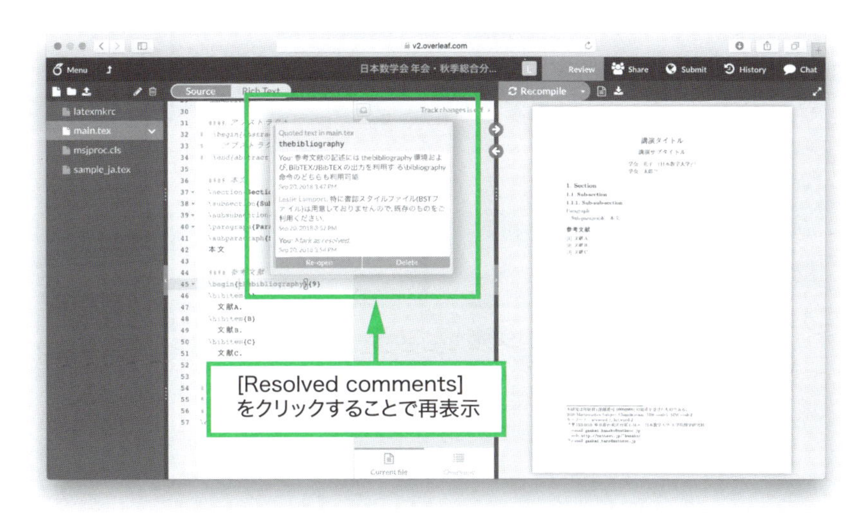

図 6.18　非表示にしたコメントを再表示②

Project を開くと，[Chat] にチャットがあったことを示すバッヂが表示されます（図 6.19）．[Chat] をクリックするとチャット画面が表示され，メッセージを確認することができます．

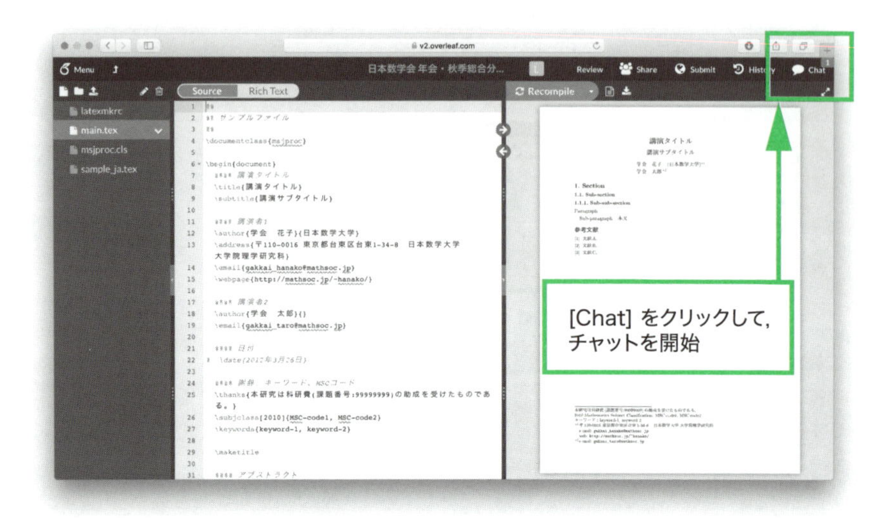

図 6.19　チャット機能を利用①

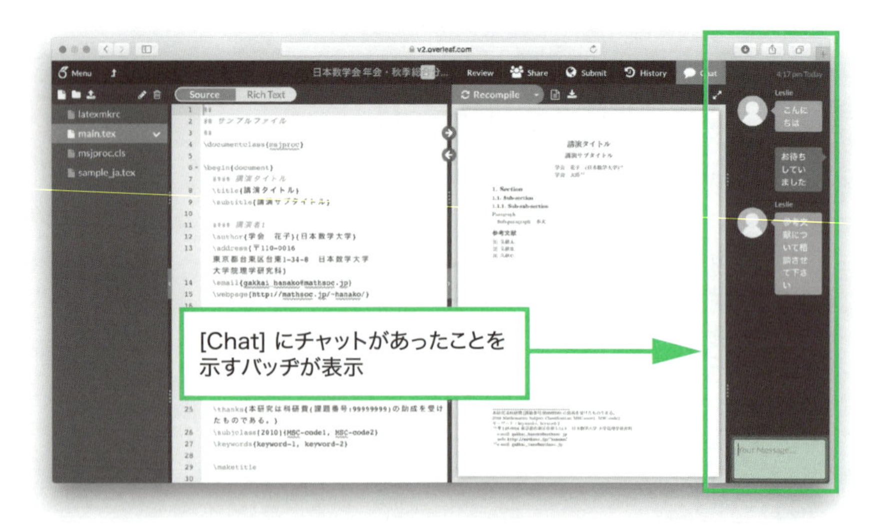

図 6.20　チャット機能を利用②

チャット画面の最下位にあるボックスにメッセージを入力してエンターキーを押下します．チャット画面では，あなたと相手のチャット吹き出しの色が違って表示されます▶（図 6.20）．

▶チャット内容を削除したり変更したりすることは出来ません．

6 章のまとめ

Templates に公開する

- ☑ 誰もが使える汎用的な Project を作成したら，Templates にアップロードして，他のユーザと共有する．
- ☑ Templates へアップロードした Project は，**Overleaf** 側で内容の審査があり，承認されてから公開となる（数日かかる）．

Project を共有する

- ☑ 作成した Project を共著者と共有して，リアルタイムに共同執筆する．
- ☑ コメント機能やチャット機能を利用してコラボレーションする．

column

TikZ～ LaTeX 上での図版作成の決定版!?

LaTeX 文書中に図版を挿入する方法としては，Adobe Illustrator など他のアプリケーションで作成した図版を，`\includegraphics` を用いて挿入する方法がまず考えられます．ただしその方法では，図版中のフォントや文字サイズなどが本文中の文字と調和しないケースが多く生じます．可能な限り LaTeX 上で図形描画した方が，本文と親和する綺麗な図版が作成できるでしょう．また，図版を LaTeX ソースとして記述しておくことで，パラメータによって変化する図を動的に生成できる点も重要です．

LaTeX ソースで図版生成する方法として，LaTeX 標準では，円や直線といった基本的な図形を描画するための picture 環境が用意されています．ですが，オリジナルの picture 環境は，例えば特定の傾きを持つ直線しか描けないなど，その描画能力は極めて限定的です．picture 環境の描画能力を拡張するパッケージとして，epic パッケージや eepic パッケージ，pict2e パッケージなどが開発され，picture 環境の制約はかなり改善されましたが，それでも凝った図版を作成することはなかなか困難です．その後登場した PSTricks パッケージは，DVI ファイルに PostScript の描画命令を埋め込むことで PostScript の機能をフルに引き出せる，圧倒的な描画能力を持つパッケージです．ただし，実際の図形描画は PostScript エンジンに任せるという仕様上，それを処理できるワークフローが限られる，日本語を埋め込むためには PostScript エンジン側の適切なフォント設定も必要，といった障壁があります．

TeX と関係の深い図形描画ソフトウェアとしては他に METAPOST や Asymptote などもありますが，近年 LaTeX 上での図版作成のために広く用いられるようになってきた新星が，TikZ/PGF です．PGF (Portable Graphics Format) は低水準ベクターグラフィックス記述言語であり，TikZ はそのフロントエンドとなるパッケージです．PSTricks と異なり，PGF は主要な TeX エンジン／DVI ドライバを広くサポートしているため，環境を選ばず高度な図形描画機能を使えるという点が大きな強みです．日本語が使える LaTeX エンジンならそのまま TikZ 図版中でも日本語が使えます．TikZ/PGF のマニュアル PDF は英文 1,000 ページ以上もある大著となっていますが，第 1 章のチュートリアルを読むだけでも，十分に実用的な図版を簡単に作成できるようになりますので，ぜひ一読して挑戦してみてください．LaTeX 文書における表現力が大幅に広がることでしょう．TeXample.net というサイト (http://www.texample.net/tikz/examples/) には，TikZ/PGF を用いた技巧的な図版の例が数々紹介されており，TikZ/PGF の表現力の豊富さに驚かされます．

また，TikZ を用いて飾り枠を描画する tcolorbox パッケージも近年急速に普及しています．こちらも英文 500 ページ以上に及ぶマニュアルでそのカスタマイズ法が詳細に説明されています．本書における枠囲みも tcolorbox パッケージで描画されていますので，再現に挑戦してみると面白いかもしれません．

他にも，TikZ/PGF の描画能力を用いたパッケージとしては，化学構造式を描画する chemfig パッケージ，豊富なグラフ描画機能を持つ PGFPLOTS パッケージ，**Overleaf** のマスコットキャラクターにも採用されているアヒルを出力する tikzducks パッケージ，様々な職業の人型アイコンを出力する tikzpeople パッケージ，いろいろな雪だるまを出力する scsnowman パッケージなど，多種多様なパッケージが開発されています．このように，TikZ/PGF の豊かな描画能力に基づく表現は，実用からジョークまで，今や文化として活発な広がりを見せています．

chemfig による構造式の描画例

```
\documentclass{standalone}
\usepackage{chemfig}
\setatomsep{1.5em}
\begin{document}
\chemfig{[:60]*6(=-(*6(-(*6(-=(*6
(-(*6(-=(*6(-(*6(-=(*6(-(*6(=-(*6
(-(*6(=-(*6(---=-))=-=))--=-))=-=
))--=-))-=-=))--=-))-=-=))--=-))-
=-))=-=-))=-=-)}
\end{document}
```

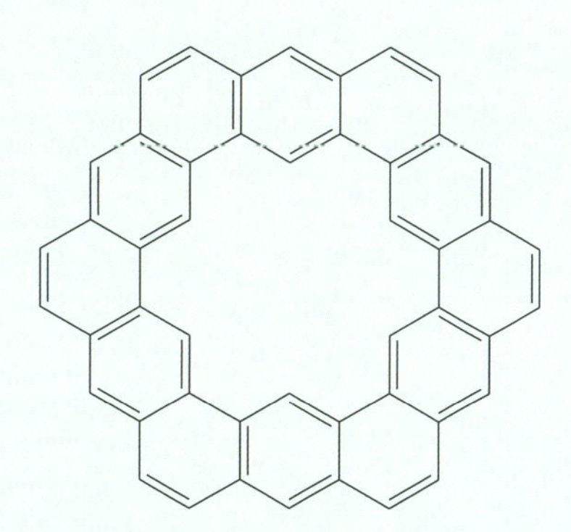

組版結果（ケクレンの構造式）

7章 GitHub，Dropbox と連携して，オフライン編集，共同編集する

本章では，GitHub や Dropbox と連携して **Overleaf** をオフライン LaTeX エディタとして使う方法を紹介しています．連携設定することで，データのバックアップ取得としても機能します．また，**Overleaf** ではなく他サービスを使って共同編集することもできます．

なお，GitHub や Dropbox と連携するためには，有料プラン Collaborator プランにアップグレードする必要があります（付録 2 参照）．

7.1 GitHub と連携する

7.1.1 GitHub と連携する

GitHub 連携の設定は，プロジェクト編集画面のメニューバー右端にある [Account] → [Account Settings] を選択し（図 7.1），[GitHub Integration] → [Link to your GitHub account] を選択します（図 7.2）．

GitHub の認証画面が表示されますので，[Username or email address] と [Password] を入力し，[Sign in] ボタンをクリックすれば（図 7.3），**Overleaf** と GitHub の連携が完了した旨を示す画面が表示されます（図 7.4）．

7.1.2 GitHub Sync を実行する

以上で GitHub 連携の設定は完了しましたが，自動的に全ての Project が同期されたわけではありません．Project 毎に GitHub 連携するための操作が必要となります．

GitHub と連携したい Project を開き，[Menu] → [Sync] → [GitHub] を選択し（図 7.5），ポップアップ画面から [Create a GitHub repository]

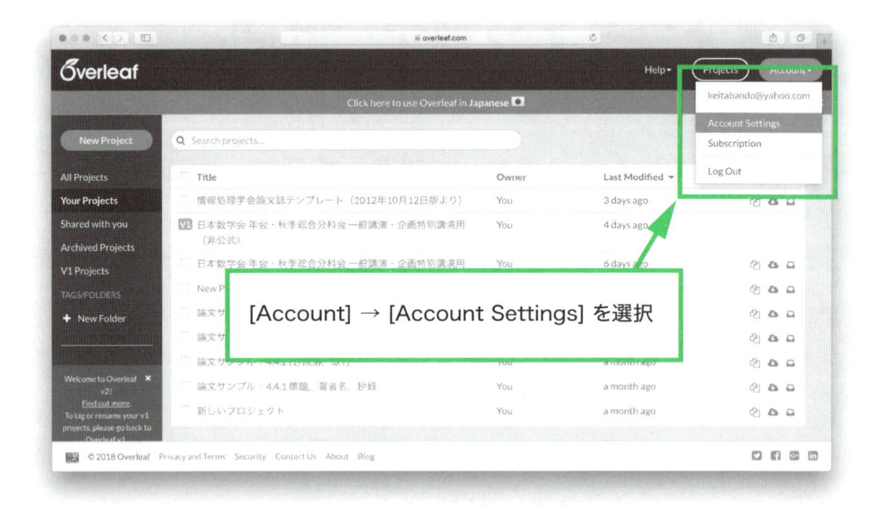

図 7.1　GitHub と連携①

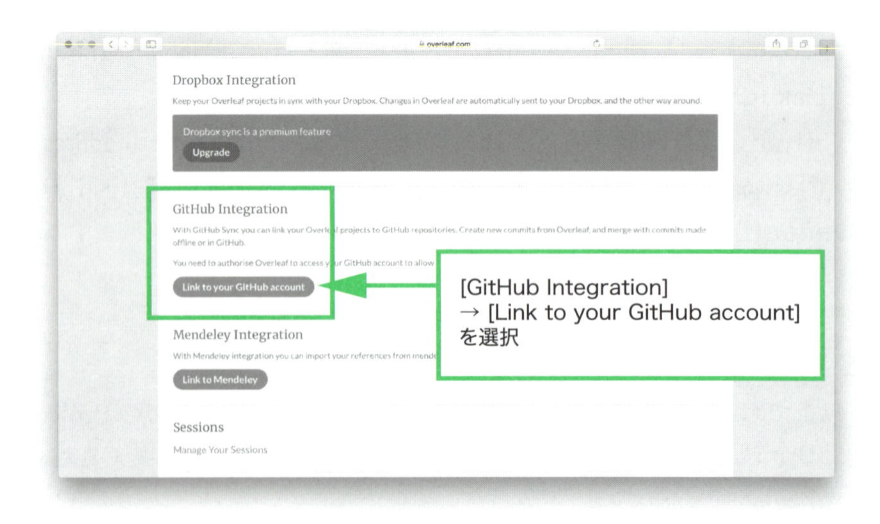

図 7.2　GitHub と連携②

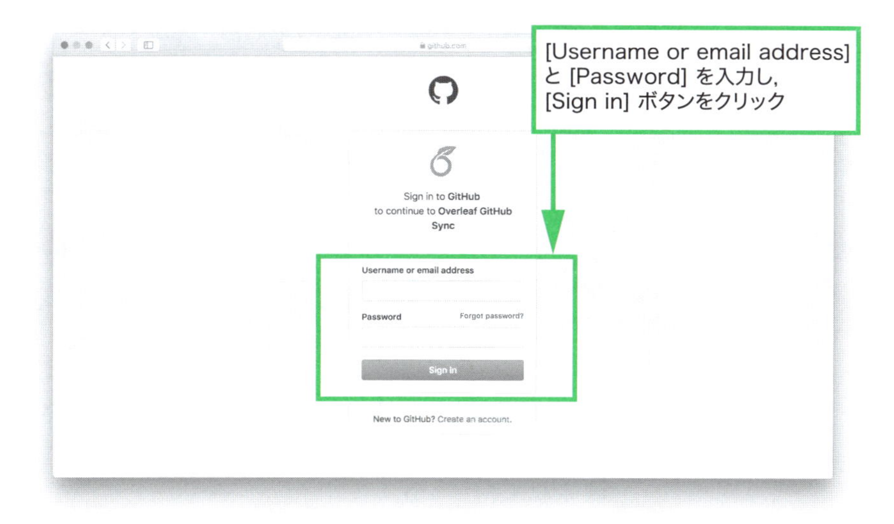

図 7.3 GitHub と連携③

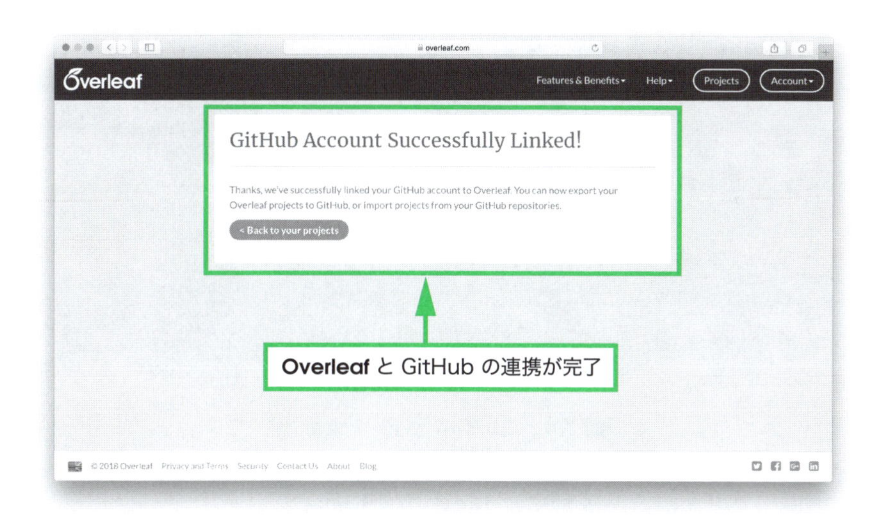

図 7.4 GitHub と連携④

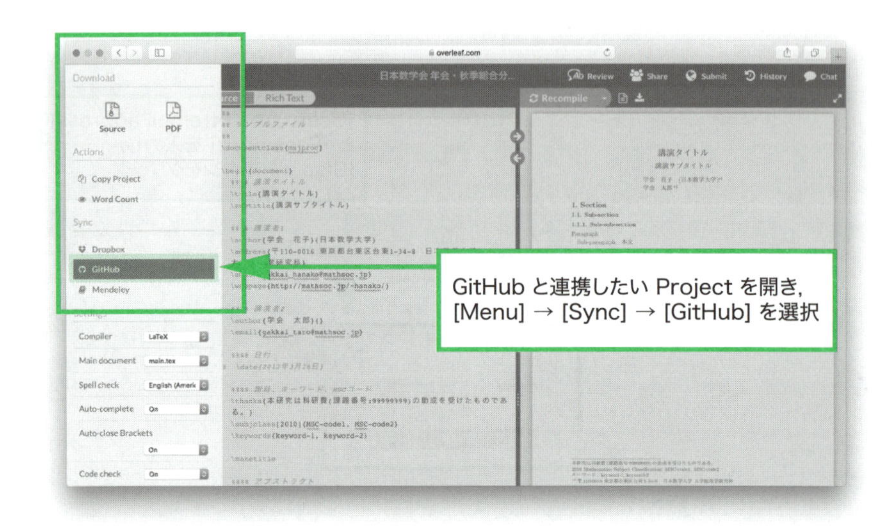

図 7.5　GitHub Sync を実行①

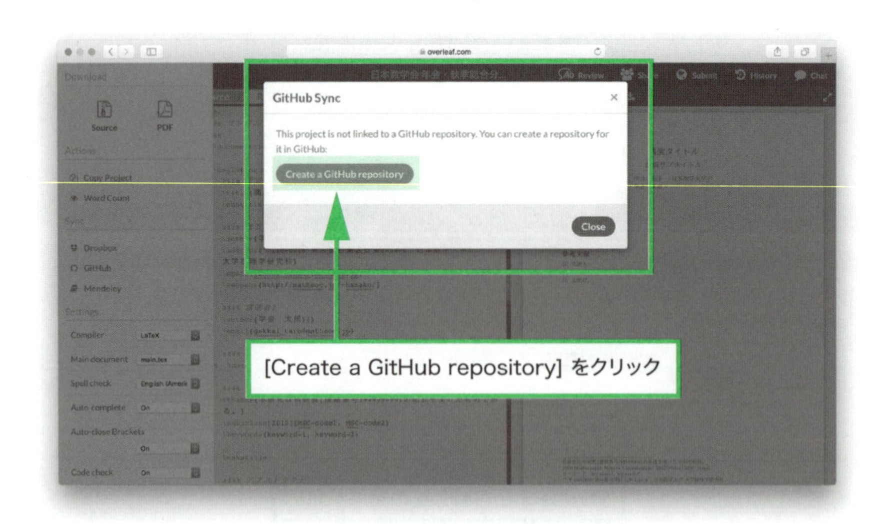

図 7.6　GitHub Sync を実行②

をクリックします（図 7.6）.

ポップアップ画面に切り替わったら，入力項目を確認▶ または修正

▶GitHub における公開範囲の設定は，デフォルトでは Public が設定されており，誰もが閲覧可能な状態となります．Private に変更して利用するためには，GitHub アカウントをアップグレードしなければなりませんでしたが，2019 年 1 月から無料の GitHub ユーザでも最大 3 人の共同編集者と無制限にプライベートプロジェクトを構成できるようになりました．

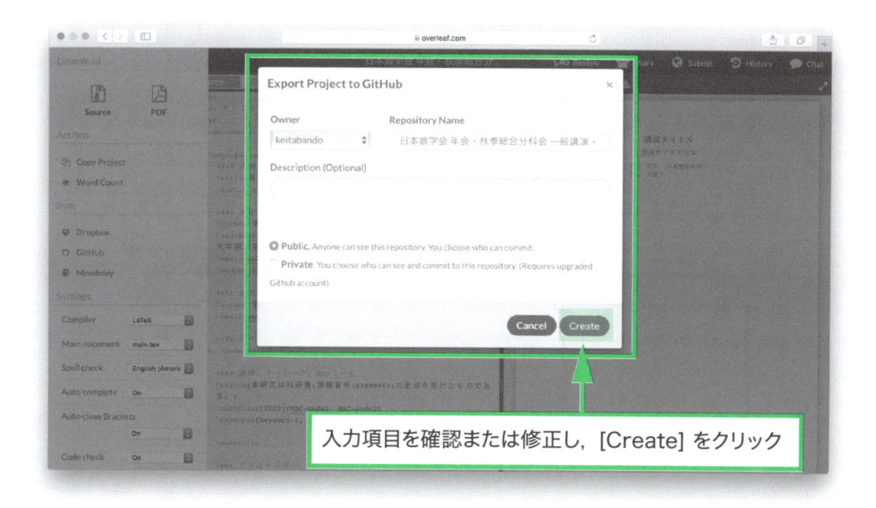

図 7.7　GitHub Sync を実行③

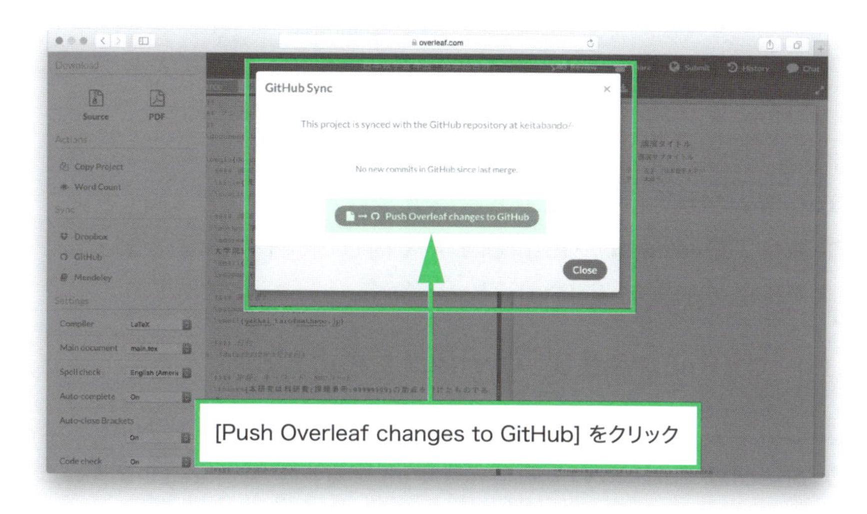

図 7.8　GitHub Sync を実行④

し，[Create] をクリックします（図 7.7）．

[Create] をクリックすると，ポップアップ画面の内容が切り替わります（図 7.8）．画面内のメッセージを確認した上で [Push Overleaf changes

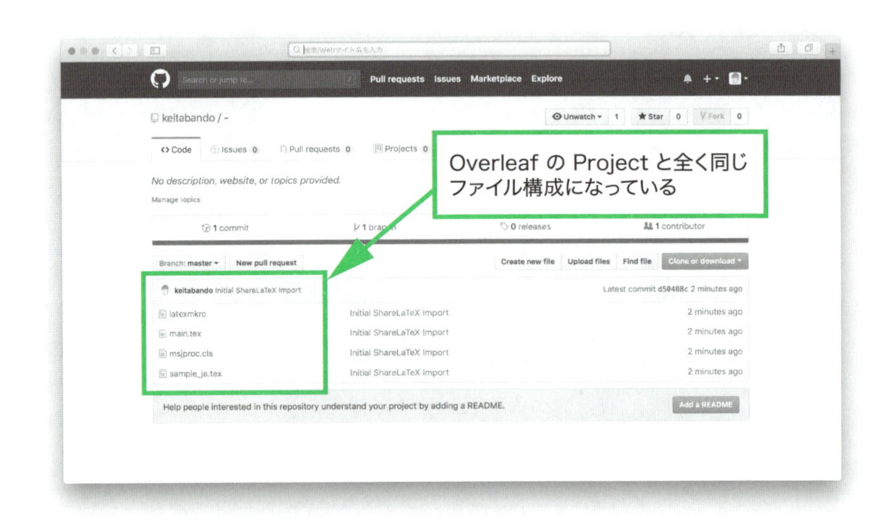

図 7.9　GitHub にログインして，**Overleaf** から Push した Project を確認

to GitHub] をクリックすると，現在開いている **Overleaf** の Project を GitHub リポジトリに Push できたことになります．

GitHub にログインして，**Overleaf** から Push した Project を確認してみます．**Overleaf** の Project と全く同じファイル構成になっていることを確認できます（図 7.9）．

7.1.3　GitHub で編集し，Overleaf で Pull する

GitHub リポジトリ上で編集した内容を **Overleaf** に反映させる（**Overleaf** が GitHub の更新情報を Pull する）手順を確認します．

ここでは例として `main.tex` を編集し（[Edit this file] をクリック，図 7.10），コミット（[Commit changes] をクリック）したと仮定します（図 7.11）．

Overleaf で Project を開いて [Menu] → [Sync] → [GitHub] を選択し，ポップアップ画面から [Pull GitHub changes into **Overleaf**] をクリッ

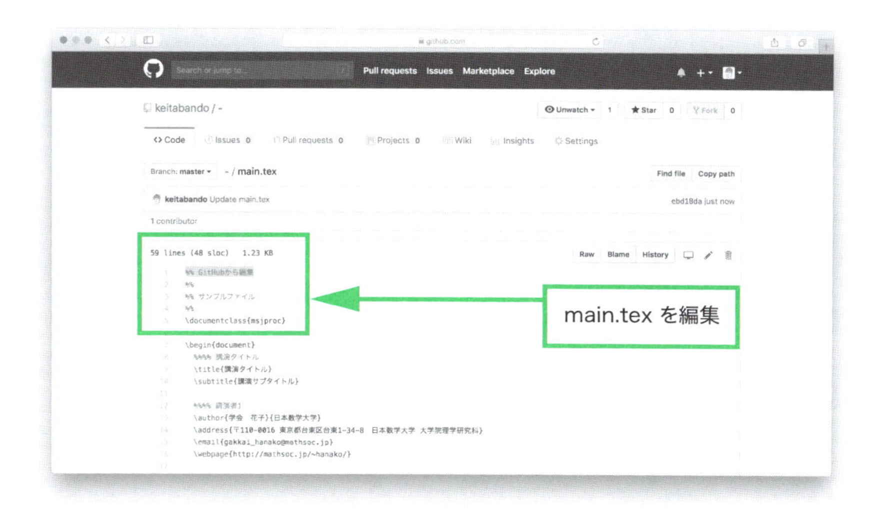

図 7.10　GitHub で編集し，**Overleaf** で Pull ①

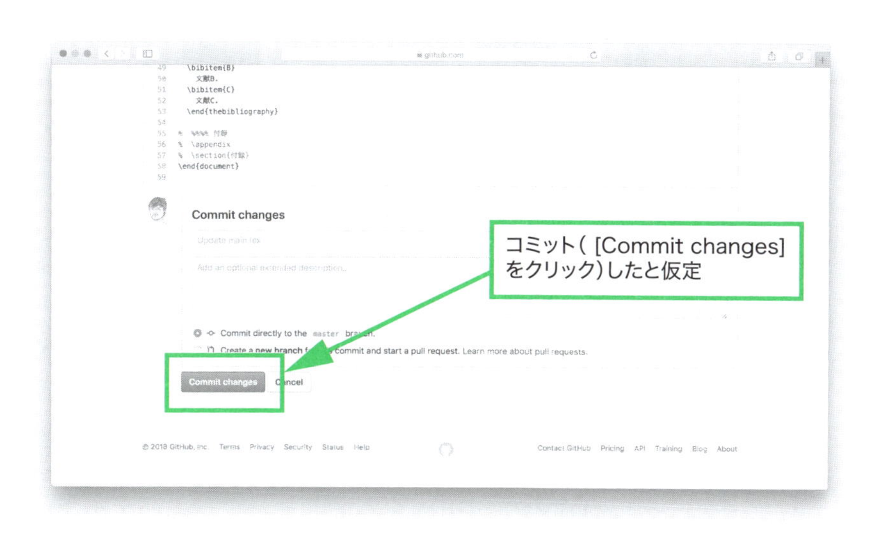

図 7.11　GitHub で編集し，**Overleaf** で Pull ②

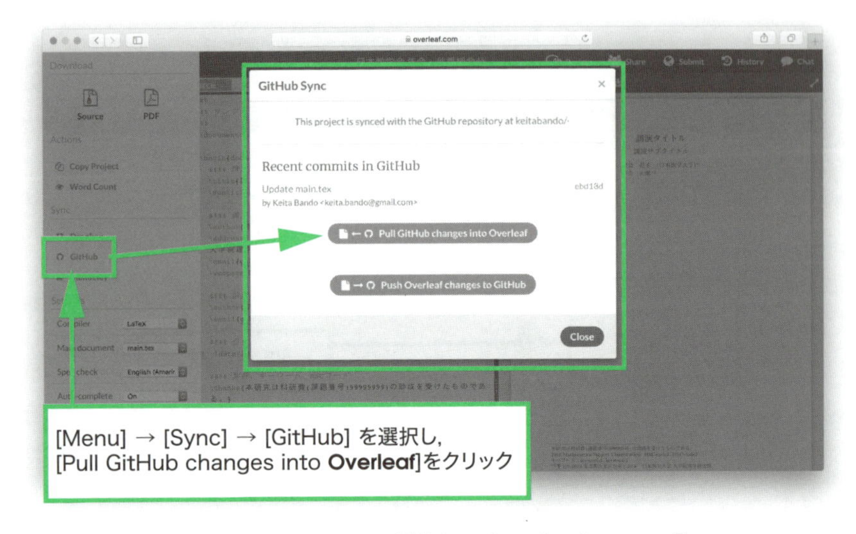

図 7.12　GitHub で編集し，**Overleaf** で Pull ③

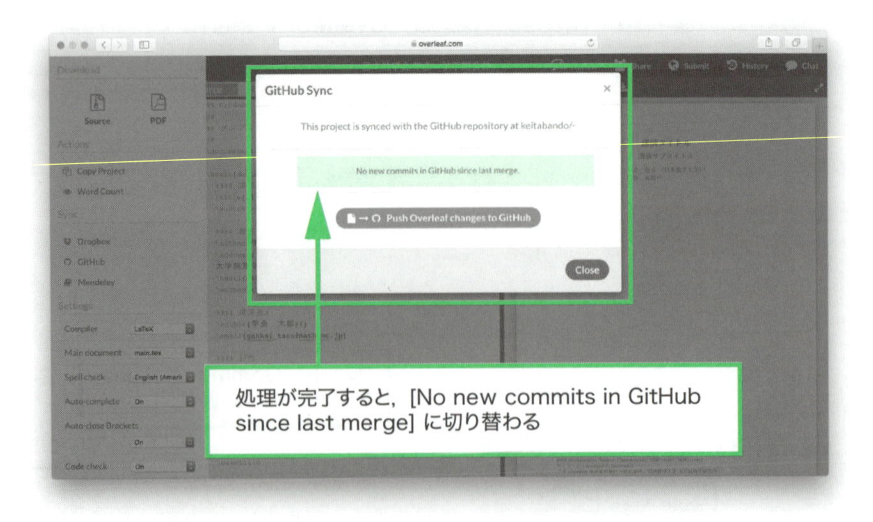

図 7.13　GitHub で編集し，**Overleaf** で Pull ④

クします（図 7.12）．処理が完了すると，ポップアップ画面内の [Pull GitHub changes into Overleaf] が [No new commits in GitHub since last merge] に切り替わります（図 7.13）．[Close] をクリックして Project の

ソースを確認すると，GitHub で編集した内容が **Overleaf** に反映されていることが確認できます．

7.1.4 Overleaf で編集し，GitHub へ Push する

Overleaf で編集した内容を GitHub に反映させる（**Overleaf** の更新情報を GitHub へ Push する）手順を確認します．この場合，[Menu] → [Sync] → [GitHub] を選択し，ポップアップ画面で [Push **Overleaf** changes to GitHub] をクリックして，GitHub リポジトリで内容を確認します．

7.1.5 GitHub でオフライン編集する

GitHub でオフライン編集するために，本書では GitHub Desktop[1] と，GitHub が開発したオープンソースのテキストエディタ Atom[2] を使用します．

GitHub で Project を開き，[Clone or download] → [Open in Desktop] を選択し，[許可] をクリックして GitHub Desktop を起動します（図 7.14，図 7.15）．

GitHub Desktop の画面内にある [open this repository] をクリックし（図 7.16），自動生成された GitHub フォルダから `main.tex` を選択すると（図 7.17），Atom が起動して `main.tex` を開くことができます．

オフライン環境で，Atom を使って `main.tex` を編集します（図 7.18）．

オフライン編集後，オンライン環境で GitHub Desktop を立ち上げると，オフライン編集の内容を確認することができます（図 7.19）．内容を確認し，よければ画面左下にある [Summary] と [Description] に変更内容の概要を入力して [Commit to master] をクリックすると，編集内容がコミットされます．

[1] GitHub Desktop https://desktop.github.com/
[2] Atom https://atom.io/

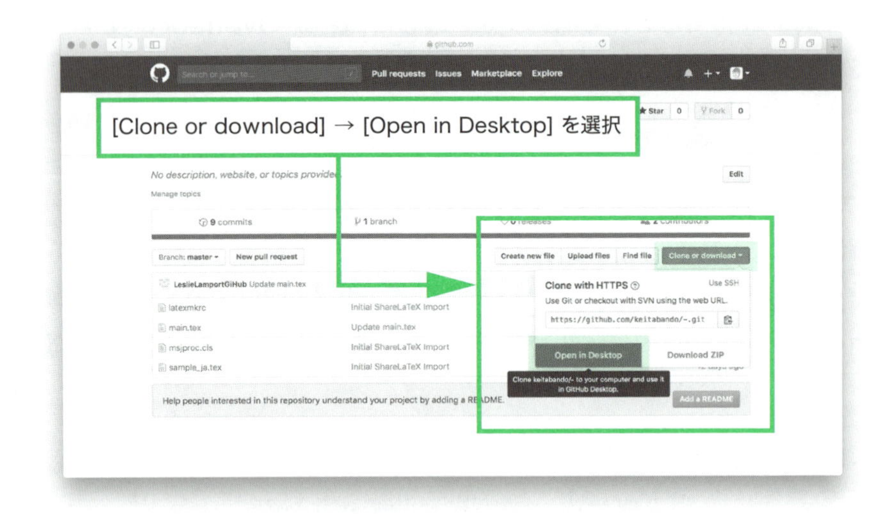

図 7.14　GitHub でオフライン編集①

Summary　必須　コミットする概要を入力する.
Description　任意　コミットする内容の詳細を入力する.

GitHub リポジトリにアクセスすると，コミットした内容が反映されていることを確認できます（図 7.20）.

Overleaf の Project を開いて [Menu] → [Sync] → [GitHub] を選択し，ポップアップ画面から [Pull GitHub changes into Overleaf] をクリックします（図 7.21）.

GitHub でオフライン編集した内容を Pull する処理が開始し，処理が完了するとポップアップ画面内の [Pull GitHub changes into Overleaf] が [No new commits in GitHub since last merge] に切り替わります（図 7.22）. [Close] をクリックすれば，オフライン編集内容が反映されていることが確認できます.

7.1.6　GitHub で共同編集する

GitHub リポジトリで共同編集したい Project を開き，[Settings] →

図 7.15 GitHub でオフライン編集②

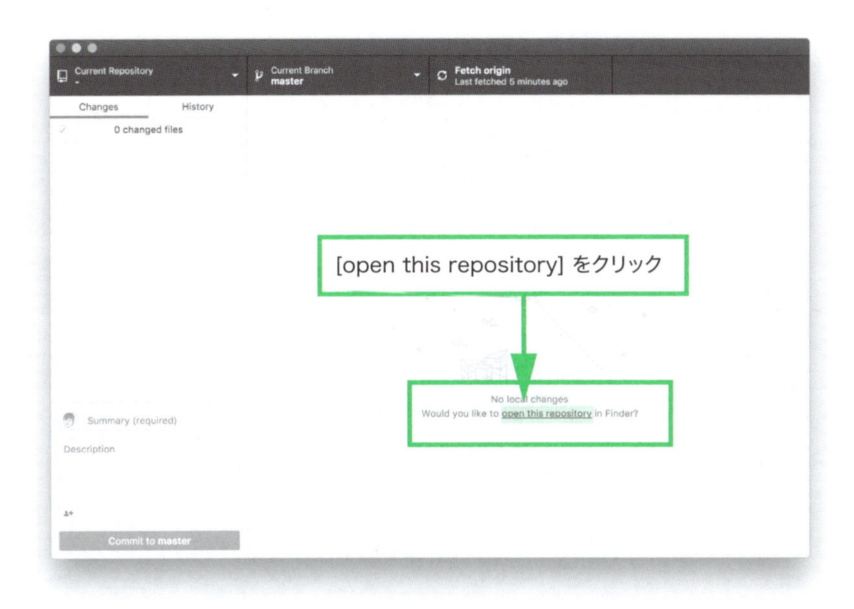

図 7.16 GitHub でオフライン編集③

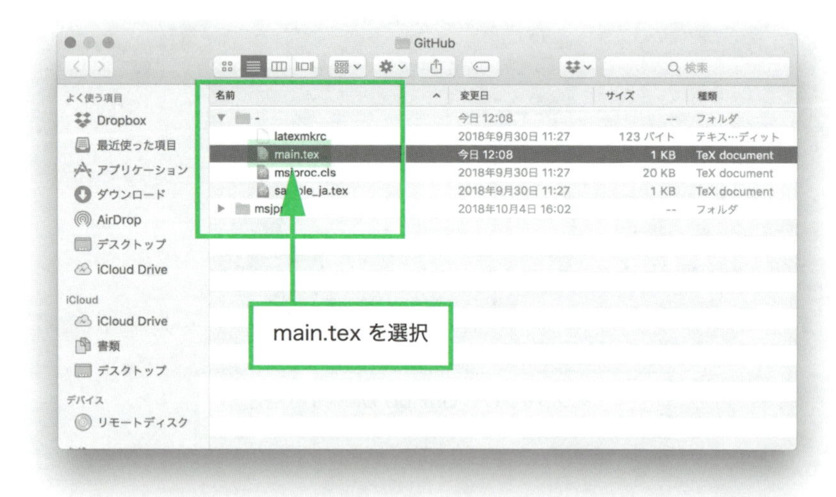

図 7.17　GitHub でオフライン編集④

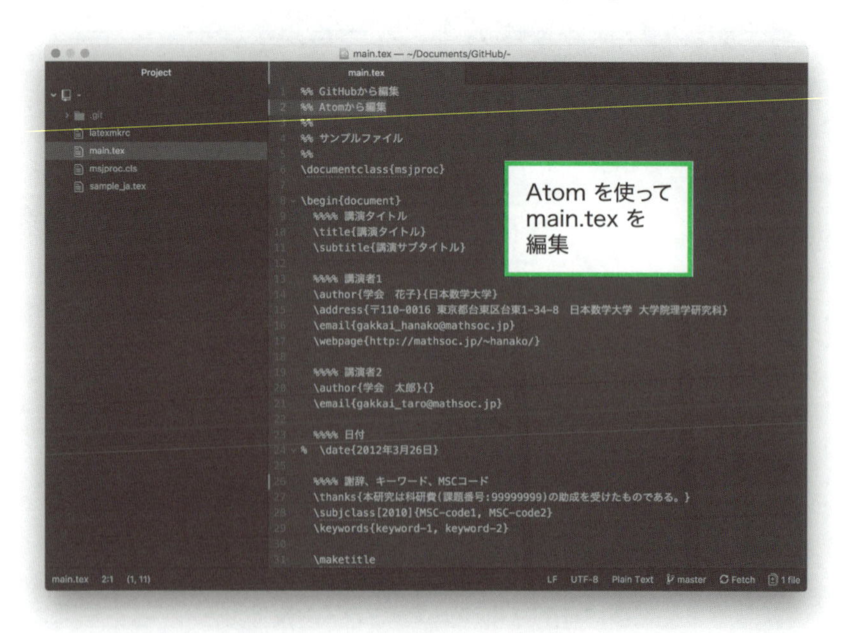

図 7.18　GitHub でオフライン編集⑤

図 7.19 GitHub でオフライン編集⑥

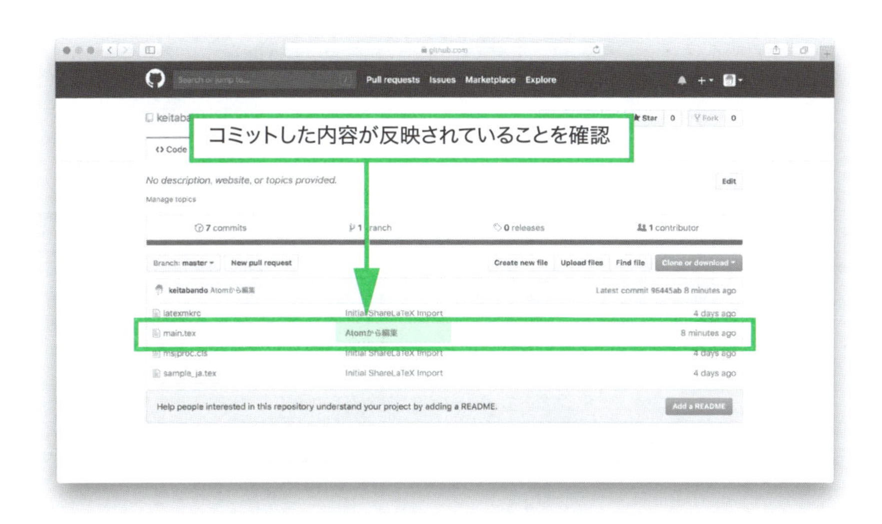

図 7.20 GitHub でオフライン編集⑦

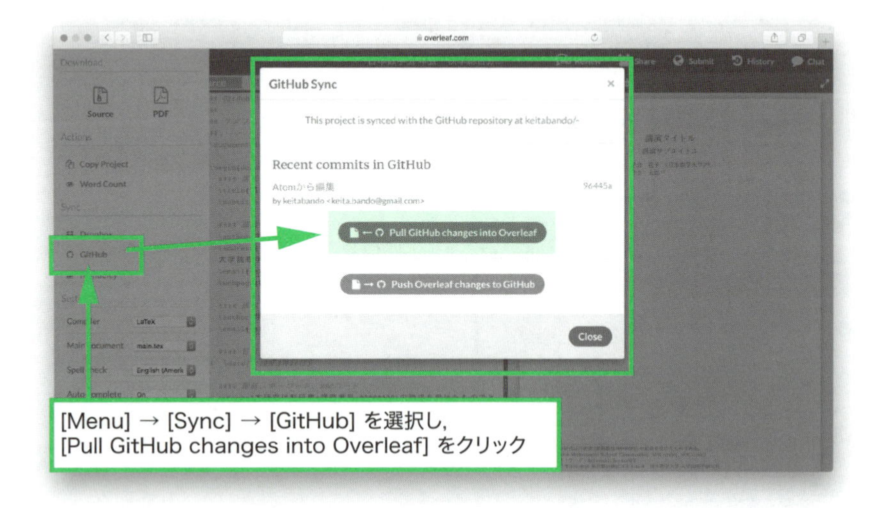

図 7.21　GitHub でオフライン編集⑧

図 7.22　GitHub でオフライン編集⑨

[Collaborators] → [Search by username, full name or email address] に共同編集したい GitHub のユーザネーム（またはフルネームかメールアドレス）を入力します．[Add Collaborator] をクリックすると（図 7.23），Project へユーザを招待したことになります（図 7.24）．

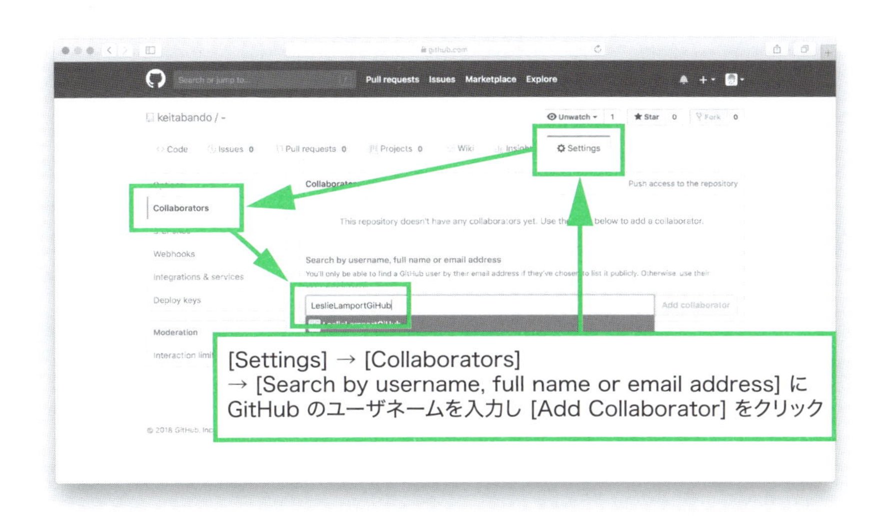

図 7.23　GitHub で共同編集①

一方，招待されたユーザには，GitHub でサインアップした際に登録したメールアドレスへ招待メールが届きます（図 7.25）．メール内にある [View invitation] をクリックし，リンク先の GitHub ページで [Accept invitation] をクリックすれば（図 7.26），招待されたユーザの GitHub リポジトリに共有 Project が表示されます．

招待されたユーザが共有 Project を編集・コミットすると，共有 Project のオーナーの GitHub ページにはコミットがあったことを知らせるメッセージが表示されます（図 7.27）．

オーナーはコミット内容を確認し，コメントを残すなどしてコミットを承認します．

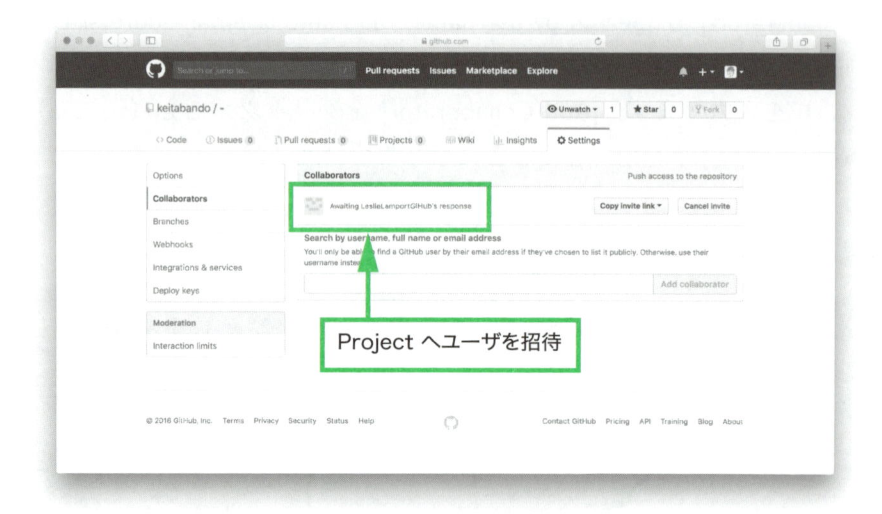

図 7.24　GitHub で共同編集②

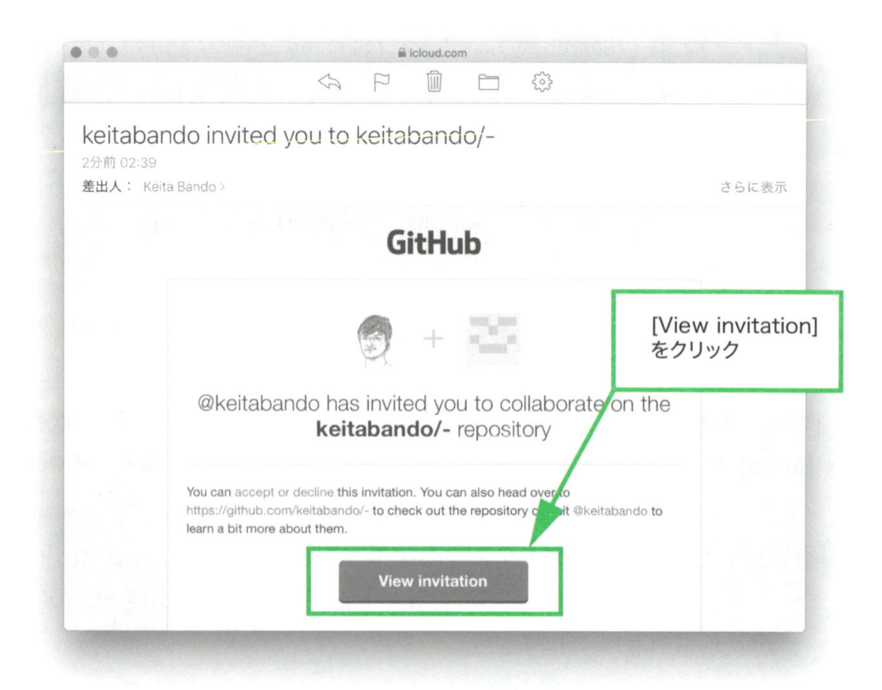

図 7.25　GitHub で共同編集③

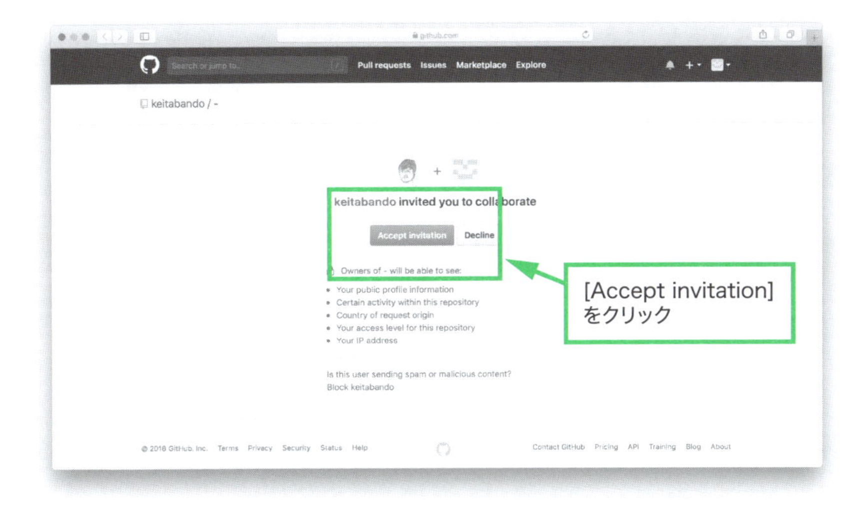

図 7.26　GitHub で共同編集④

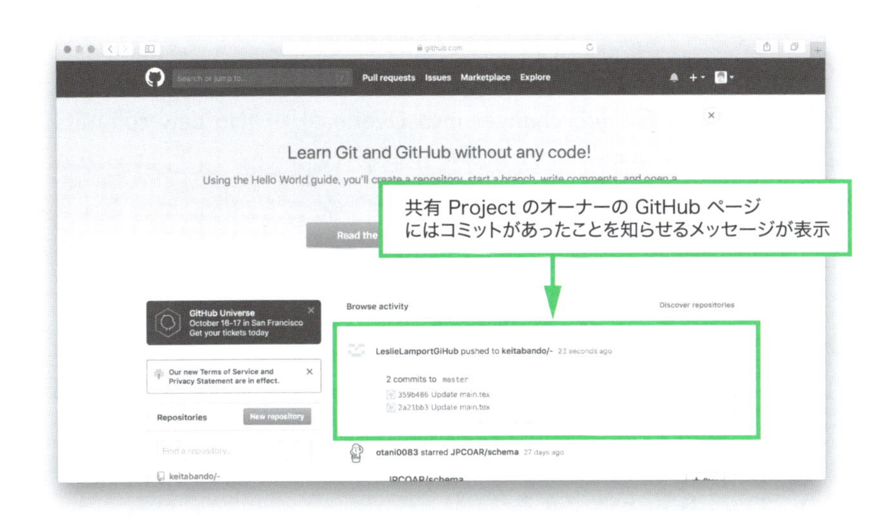

図 7.27　GitHub で共同編集⑤

Overleaf で Project を開き [Menu] → [Sync] → [GitHub] を選択して，ポップアップ画面から [Pull GitHub changes into Overleaf] をクリック

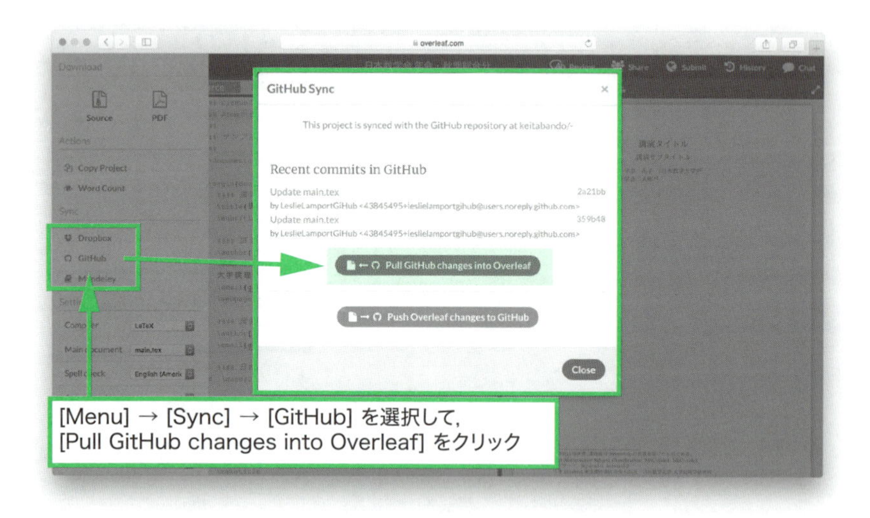

図 7.28　GitHub で共同編集⑥

します（図 7.28）.

Overleaf で同期処理が開始します．処理が完了するとポップアップ画面内の [Pull GitHub changes into Overleaf] が [No new commits in GitHub since last merge] に切り替わります（図 7.29）．[Close] をクリックして，オフライン編集内容が反映されていることが確認できます．

7.2　Dropbox と連携する

Dropbox で双方向同期すれば，お気に入りのエディタでソース編集することができます．

7.2.1　Dropbox と連携する

Dropbox と連携したい Project を開き，[Menu] → [Dropbox] を選択すると（図 7.30），ポップアップ画面で Dropbox に **Overleaf** の Project

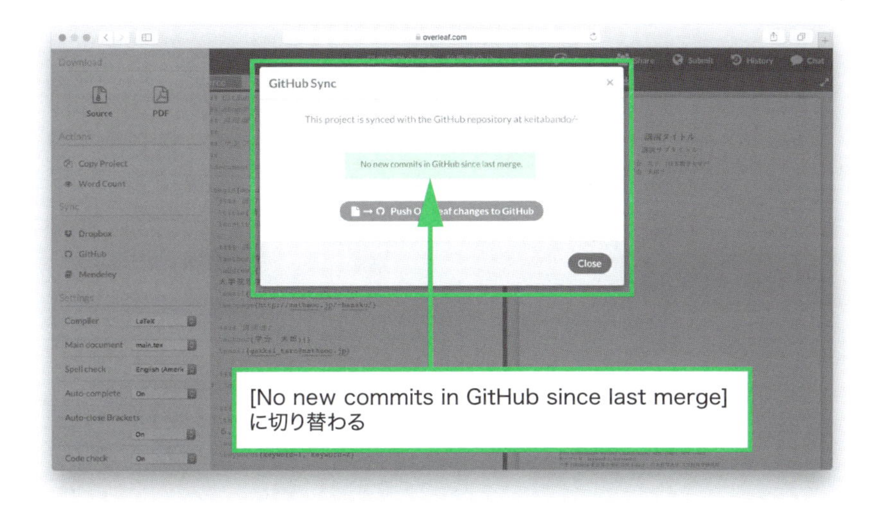

図 7.29　GitHub で共同編集⑦

が同期された旨のメッセージが表示されます（図 7.31）．

Dropbox を確認すると，[Apps] → [Overleaf] フォルダが自動生成され，その中に Project の Title がフォルダ名となって，**Overleaf** と Dropbox の同期が完了していることを確認できます（図 7.32）．

Dropbox と連携すると，ファイルの一括削除・移動を容易に行えます．**Overleaf** でファイルを削除する場合，ひとつずつ削除する必要があり，複数のファイルを一括処理するのは面倒です．Dropbox との連携により，Dropbox のフォルダで一括処理することができます．

7.2.2　Dropbox で編集する

Dropbox 上で編集した内容が **Overleaf** に反映される手順を確認します．Dropbox にあるファイルを編集した内容は，GitHub のような Push は不要で，インターネットに繋がっていれば，Dropbox でファイル保存する度に **Overleaf** 上の Project と同期し，編集内容を即座に確認することができます．

Dropbox でオフライン編集する場合，オフライン環境で main.tex

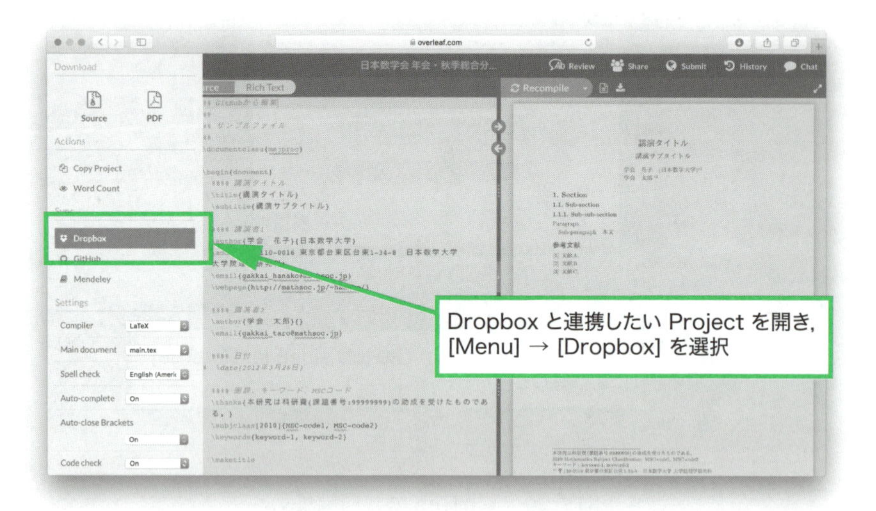

図 7.30　Dropbox と連携①

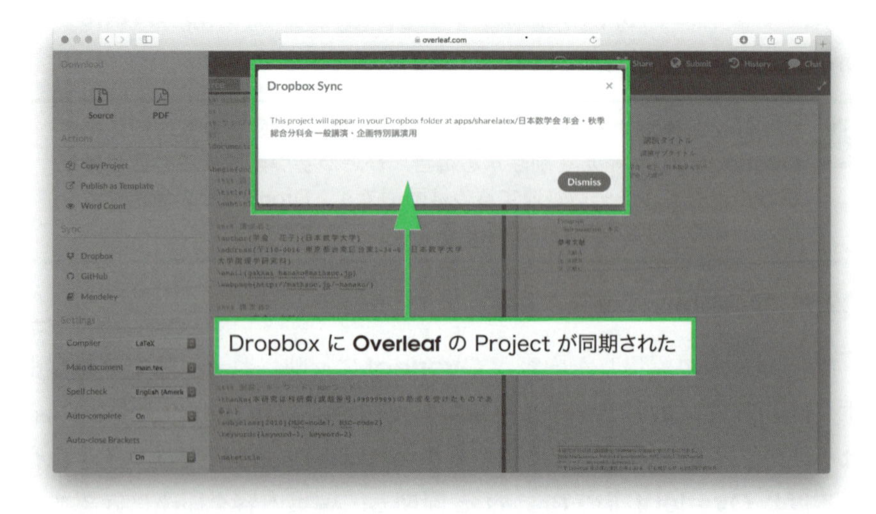

図 7.31　Dropbox と連携②

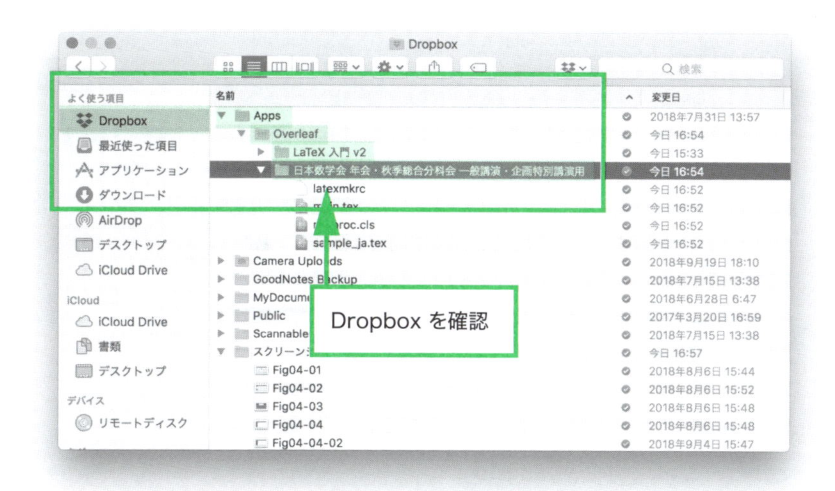

図 7.32　Dropbox と連携③

を編集し，オンライン環境になったところで Dropbox を同期した後，**Overleaf** 上で編集内容を確認できます．

7.2.3　Dropbox で共同編集する

Dropbox の共有機能を使って **Overleaf** の Project を共同編集することもできます．ただし，Dropbox 連携で自動生成されるフォルダ [Dropbox] → [Apps] → [Overleaf] は，共有設定をすると全ての内容が誰にでもアクセス可能な公開設定がデフォルトとなります．プライベート共有（非公開）設定をするには Dropbox Professional にアップグレードする必要があります[3)]．

以下では，公開可能な Project を他ユーザと共有するために必要な手順を例示します．

Dropbox で共同編集したい Project のフォルダにカーソルをあわせ，

3) 月額 2,400 円，または年額 24,000 円．https://www.dropbox.com/ja/pro

図 7.33　Dropbox で共同編集①

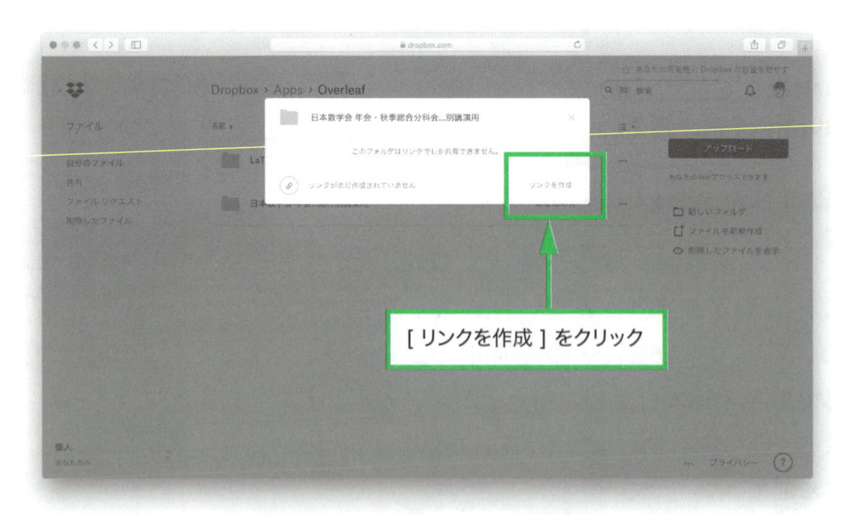

図 7.34　Dropbox で共同編集②

[共有] をクリックします（図 7.33）.

ポップアップ画面が表示されますので，右下にある [リンクを作成] をクリックし（図 7.34），切り替わったポップアップ画面で [リンクの設

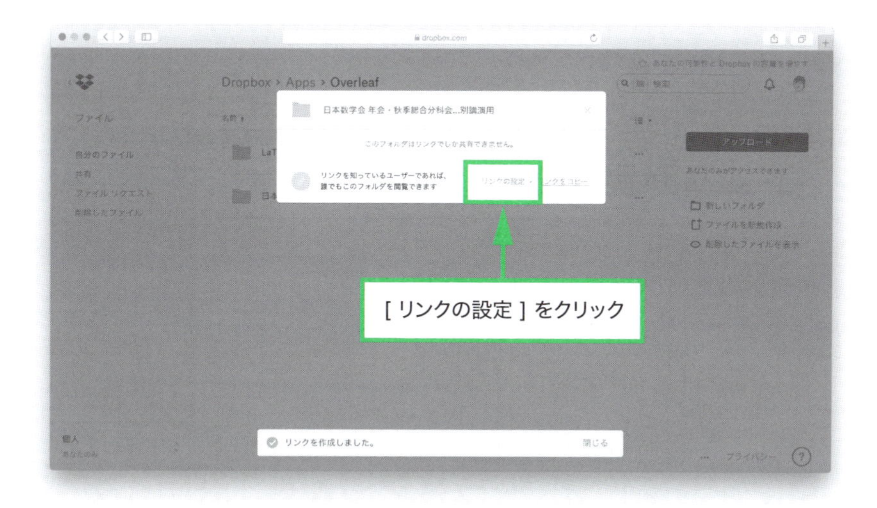

図 7.35　Dropbox で共同編集③

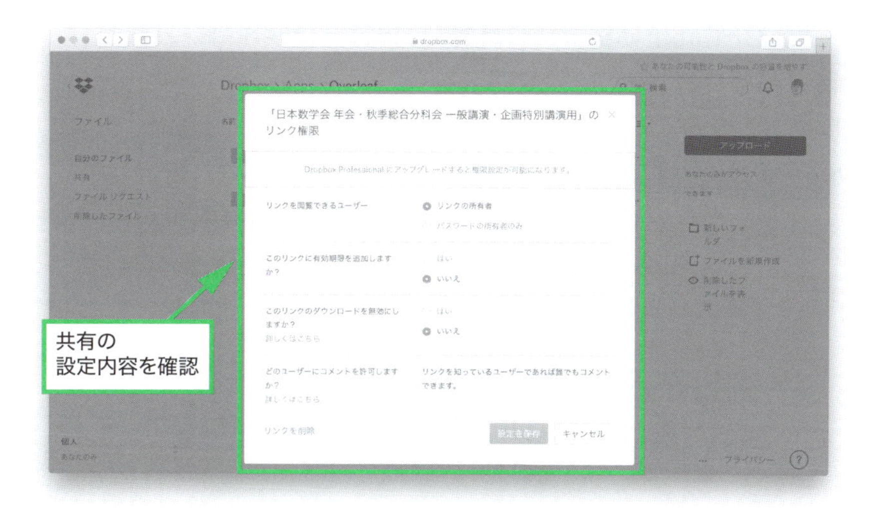

図 7.36　Dropbox で共同編集④

定] をクリックして（図 7.35），共有の設定内容を確認します（図 7.36）.

7 章のまとめ

GitHub や Dropbox と連携するためには Collaborator プランにアップグレードする必要がある

- GitHub や Dropbox と連携するためには，Overleaf のプランを Personal プランから Collaborator プランにアップグレードする必要がある．
- Project を非公開で共有するためには，Dropbox の有料プランを契約する必要がある（GitHub の場合は無料プランのままで OK）．

GitHub や Dropbox と連携して，オフライン編集・共同編集・バックアップを取得する

- GitHub と連携して，GitHub リポジトリで編集した内容を **Overleaf** に Push，あるいは **Overleaf** で編集された内容を Pull する．
- Dropbox と連携すれば，好みのエディタで編集した内容は，ネット接続していれば自動的に **Overleaf** と同期する．

column

Git bridge のすゝめ

Overleaf には，GitHub 連携とは別に，**Overleaf** そのものが git サーバのように振る舞う “Git bridge” という機能があります．以下では自分のパソコンで `git` コマンドが動作する環境を仮定して説明します．

Overleaf のプロジェクトを開いた状態で，[Menu] → [Sync] → [Git] をクリックすると，“You can `git clone` your project using the link displayed below.” というメッセージの下に，例えば

```
git clone https://git.overleaf.com/e2b716550b9f01ea54c74738
```

のようなコマンドが表示されます．このコマンド全体をコピーしてターミナルに貼り付けると，カレントディレクトリの下に，この場合 `e2b716550b9f01ea54c74738` というディレクトリが作られ，その中に **Overleaf** のプロジェクトの中身がクローン（コピー）されます．ターミナルに

```
cd e2b716550b9f01ea54c74738
```

と打ち込んでこのディレクトリの中に移動して作業します．ときどきターミナルに

```
git pull
```

と打ち込むと他のメンバーの更新が反映されます．差分だけ送られてくるので，ソース全体をダウンロードするより効率的です．自分がファイルを更新したら，例えば

```
git commit -am 'ちょっと改良した'
git push
```

と打ち込むと，自分の編集内容が **Overleaf** サーバに送られます．

付録

1　アカウントの設定

アカウント設定（Account Settings）の各項目について解説します．アカウント設定は，プロジェクト編集画面の右上にある [Account] → [Account Settings] を選択します（図 1）．

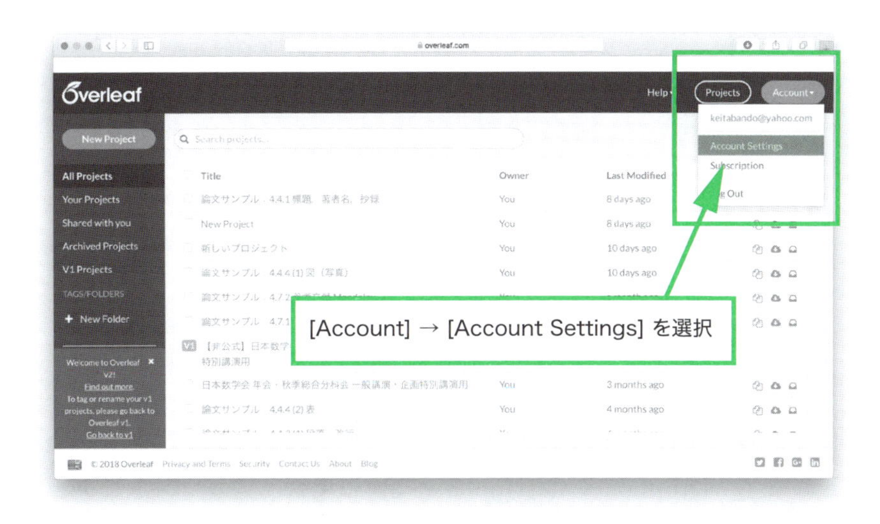

図 1　アカウントの設定①

Emails and Affiliations

Overleaf に登録したメールアドレスがデフォルト設定されています（図 2）．それ以外にも複数のメールアドレスを追加することができます．

Update Account Info, Change Password

Overleaf に登録した氏名やパスワードを変更することができます．

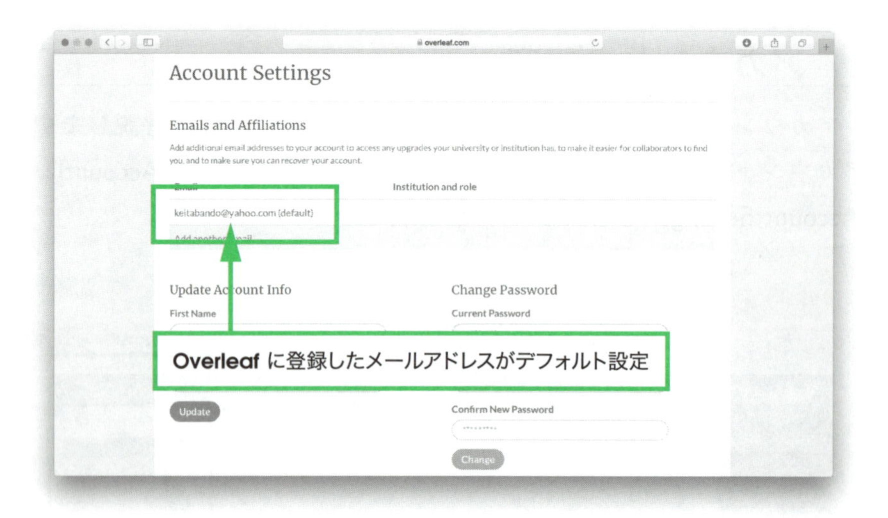

図 2　アカウントの設定②

Integration

Dropbox, GitHub, Mendeley, Zotero と連携設定（または連携解除設定）します．Dropbox や GitHub と連携する場合，アカウントをアップグレードする必要があります（図 3）．

To manage your account's connection to Google, Twitter, ORCID and IEEE

IEEE，Google，Twitter，ORCID，figshare のアカウントがあれば，**Overleaf** アカウントと連携設定することにより，次のメリットがあります．

- IEEE，Google，Twitter，ORCID のアカウントでログインする

ことができる．

- **Overleaf** から論文投稿する際，論文投稿システムが対応していれば，ORCID によってスムーズに投稿プロセスが処理される．

IEEE Collabratec で **Overleaf** と連携設定すれば，自動的にアカウントがアップグレードされ，無料で Collaborator プランを利用することができます．

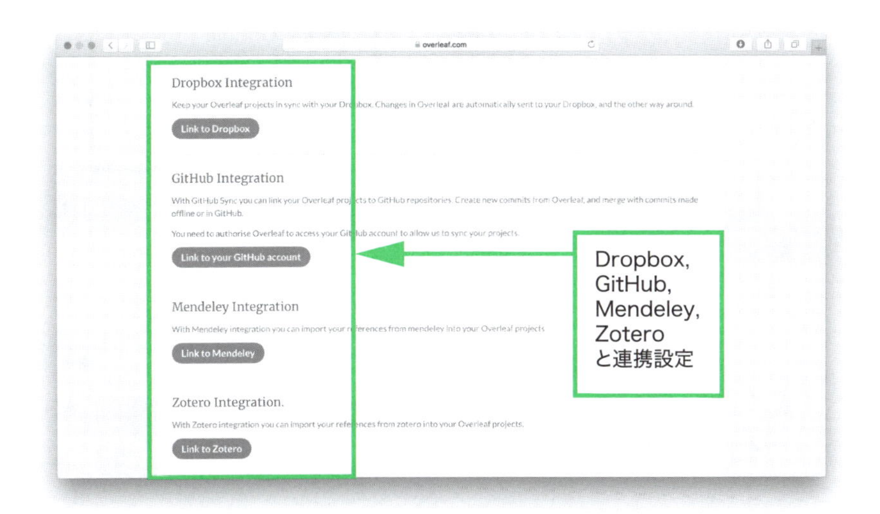

図 3　アカウントの設定③

付録

Unsubscribe

Overleaf にアカウント登録したメールアドレスにニュースレターが配信されます．受信したくない場合，メール配信を解除することができます（図 4）．

Delete your account

アカウントを削除します．

Subscription

アップグレードを解除する場合もこのページから手続きします．

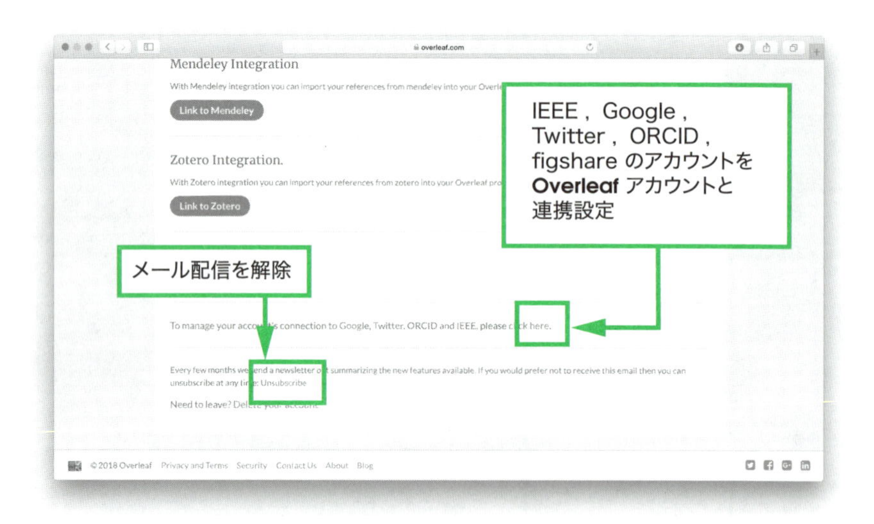

図 4　アカウントの設定④

2　Collaborator プランにアップグレードする

プロジェクト管理画面のメニューバー右端にある [Account] → [Subscription] を選択し（図 5），ページ内にある [Start Free Trial!] をクリックします（図 6）．決済方法（クレジットカードまたは PayPal）を選択してアップグレード手続きを済ませます．

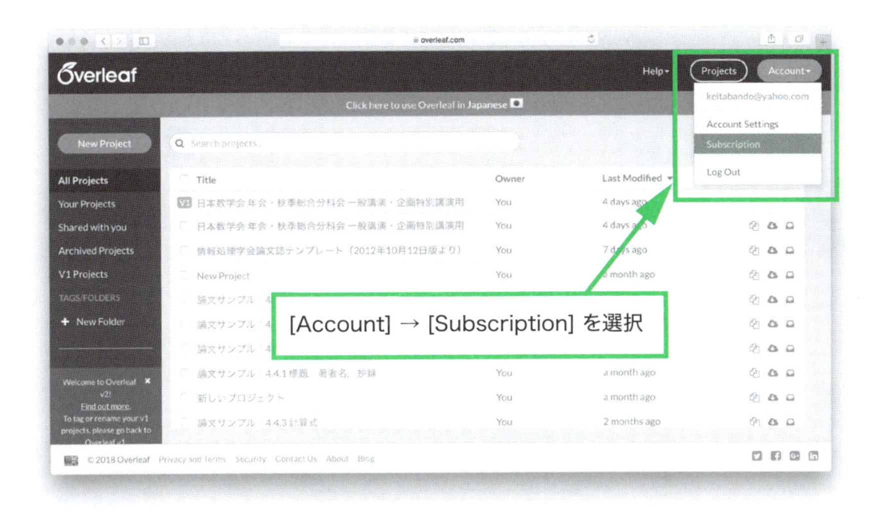

図 5　Collaborator プランにアップグレード①

図 6　Collaborator プランにアップグレード②

3　メニューの説明

[Menu] アイコンをクリックすると，他サービスとの連携設定やエディタの詳細設定などができます（図 7，図 8）

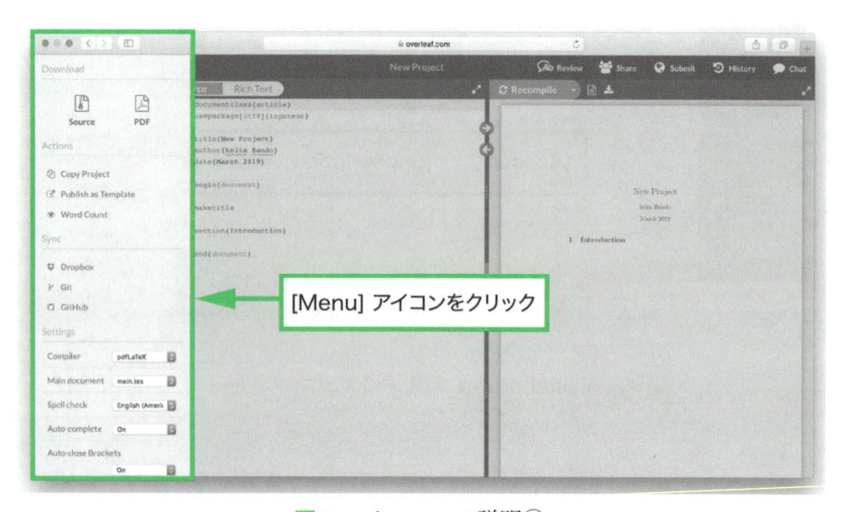

図 7　メニューの説明①

Download

- Source
  プロジェクトを構成するファイル一式を ZIP 形式でダウンロードします．
- PDF
  文書を PDF 形式でダウンロードします．

Actions

- Copy Project
  現在開いているプロジェクトのコピーを作成します．

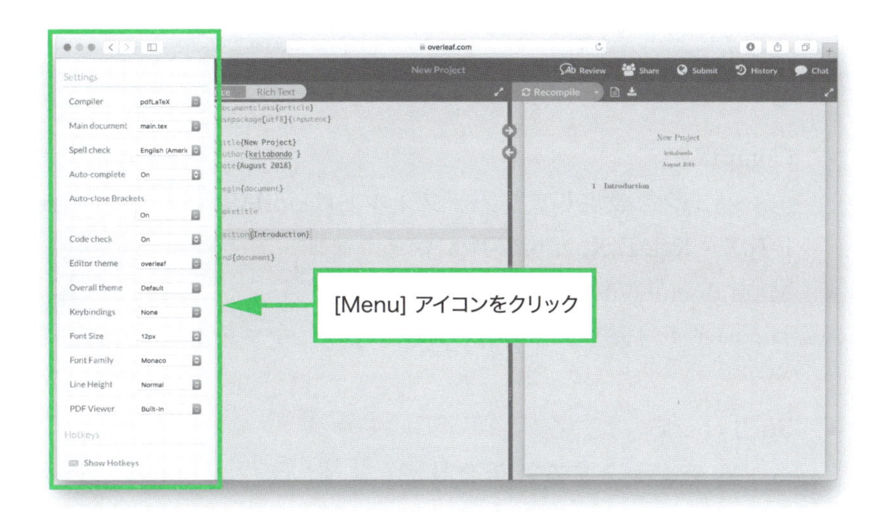

図 8　メニューの説明②

- Publish as Template
  現在開いているプロジェクトを，Template へアップロードします．
- Word Count
  現在開いているファイル (Source) 内の文字数をカウントします．

Sync

- Dropbox
  Dropbox と同期します．Dropbox と同期するためにはプランのアップグレード（Personal プランから Collaborator プランへ）が必要となります．
- Git
  Git リポジトリをクローン（コピー）するコマンドを表示します．
- GitHub
  GitHub と同期します．GitHub と同期するためにはプランのアップグレード（Personal プランから Collaborator プランへ）が必要となります．

Settings

- Compiler
  コンパイラを設定します．デフォルトは pdfLaTeX で，その他に LaTeX，XeLaTeX，LuaLaTeX があります．
- Main document
  コンパイル対象とする文書を設定します．デフォルトは `main.tex` です．
- Spell check
  スペルチェックする言語を設定します．デフォルトは English (American) です．全部で 65 言語から選択できますが，日本語はリストにありません (スペルチェック機能対象外)．スペルチェックを無効にする場合，Off に変更します．
- Auto-complete
  オートコンプリート機能を設定します．デフォルトは On です．オートコンプリート機能を無効にする場合，Off に変更します．
- Auto-close Brackets
  括弧を自動で閉じる設定をします．デフォルトは On です．対象は，波括弧（中括弧）`{}` と角括弧（大括弧）`[]` です．
- Code check
  構文チェック機能を設定します．デフォルトは On です．構文チェック機能を On にすると，入力時によくあるエラーをハイライトで示してくれます．構文チェック機能で見つかるエラーは次の通りです．
  - `\begin` と `\end` がセットで記述されていない場合
  - 波括弧（中括弧）`{}` と角括弧（大括弧）`[]` がセットで記述されていない場合
  - 数式モードを表す区切り文字 `\[...\]` がセットで記述さ

　　　れていない場合

など．構文チェック機能を無効にする場合，Off に変更します．

- Editor theme
  エディタのテーマを設定します．デフォルトは **Overleaf** です．全部で 38 のテーマから選択できます．
- Overall theme
  全体のテーマを設定します．デフォルトは Default（黒色）です．その他に Light（白色）があります．
- Keybindings
  キーバインドを設定します．デフォルトは None で，Vim か Emacs を選択できます．
- Font Size
  フォントサイズを設定します．デフォルトは 12px です．全部で 10 のサイズ（10px，11px，12px，13px，14px，16px，18px，20px，22px，24px）から選択できます．
- Font Family
  フォントファミリーを設定します．デフォルトは Default で，Monaco か Lucida を選択できます．
- Line Height
  行間を設定します．デフォルトは Normal です．その他に Compact と Wide があります．
- PDF Viewer
  PDF ビューアを設定します．デフォルトは Built-In です．その他に Native があります．Built-In の PDF ビューアではフォントや TikZ で描いた図が正しく表示されず，画像が表示されない場合があります．その場合，PDF ビューアの設定を Native に変更することで解決できます．

付録

4　ホットキー一覧

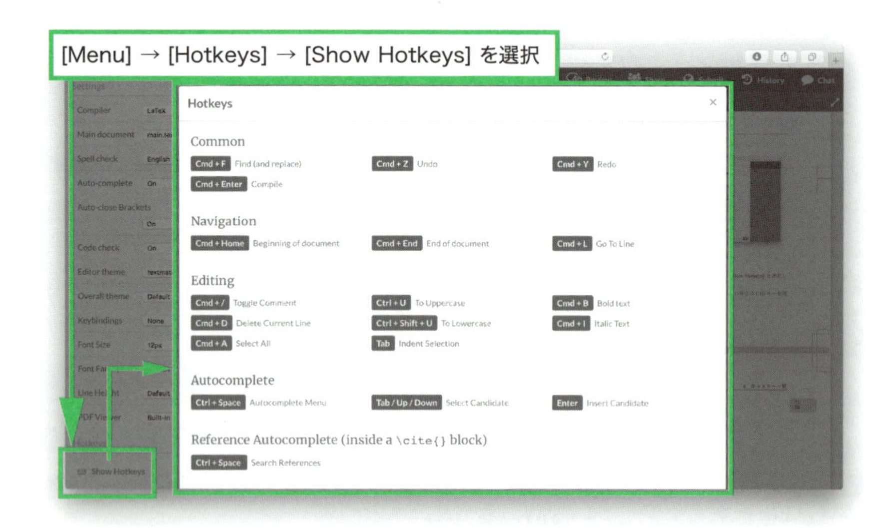

図 9　ホットキー一覧

ホットキー一覧は，[Menu] → [Hotkeys] → [Show Hotkeys] を選択して確認することができます（図 9）．

Mac の場合は Command(⌘) キー，Windows の場合は Ctrl キーを使います．

Common ／一般

ホットキー	説明（英）	説明
⌘/Ctrl + F	Find (and replace)	検索，置換
⌘/Ctrl + Z	Undo	元に戻す
⌘/Ctrl + Y	Redo	やり直す
⌘/Ctrl + Enter	Compile	コンパイル

Navigation／ナビゲーション

ホットキー	説明（英）	説明
⌘/Ctrl + Home	Beginning of document	文頭へ移動
⌘/Ctrl + End	End of document	文末へ移動
⌘/Ctrl + L	Go To Line	行へ移動

Editing／編集

ホットキー	説明（英）	説明
⌘/Ctrl + /	Toggle Comment	コメントアウトの切替
⌘/Ctrl + U	To Uppercase	（半角英語を）大文字
⌘/Ctrl + B	Bold text	（選択した文字を）太字
⌘/Ctrl + D	Delete Current Line	行を削除
⌘/Ctrl + Shift + U	To Lowercase	（半角英語を）小文字
⌘/Ctrl + I	Italic Text	（選択した文字を）斜体
⌘/Ctrl + A	Select All	すべて選択
Tab	Indent Selection	インデント

付録

Autocomplete／オートコンプリート

ホットキー	説明（英）	説明
⌘/Ctrl + Space	Autocomplete Menu	オートコンプリートメニューを表示
Tab / Up / Down	Select Candidate	候補を選択
Enter	Insert Candidate	候補を挿入

Reference Autocomplete (inside a cite block)／オートコンプリート（citeコマンドの場合）

ホットキー	説明（英）	説明
⌘/Ctrl + Space	Search References	文献を検索

Review／レビュー

ホットキー	説明（英）	説明
⌘/Ctrl + J	Toggle review panel	レビューパネルの切替
⌘/Ctrl + Shift + A	Toggle track changes	レビュートラックの切替
⌘/Ctrl + Shift + C	Add a comment	コメントを追加

図 10　TEX Live のバージョン確認方法

5　TEX Live のバージョン確認方法

[Recompile] ボタンの右側にある [Logs and output files] → [View Raw Logs] を選択すると，コンパイル結果に関する様々な情報の中から，**Overleaf** に入っている TEX Live のバージョンを確認できます（図 10）．

6　トラブルシューティング

Web サイトのステータスを確認する

Overleaf にアクセスできない（図 11），という状況には滅多と出くわさないのですが，それでも稀に生じることは否めません．そんな時は，**Overleaf** Status (http://status.overleaf.com) にアクセスして，Web サイトのステータスを確認します（図 12）．

[Subscribe to Updates] をクリックしてメールアドレスを登録しておけば，アラートを受け取って状況を知ることもできます．

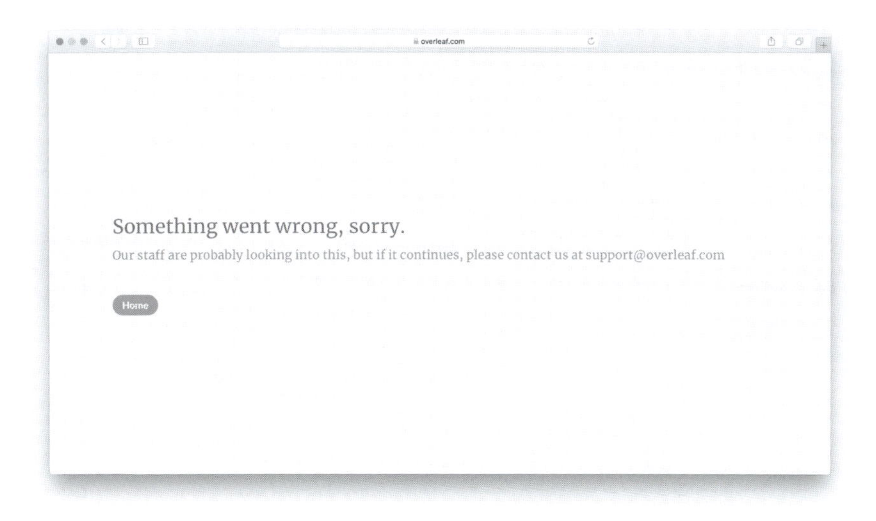

図 11 Overleaf にアクセスできない状況

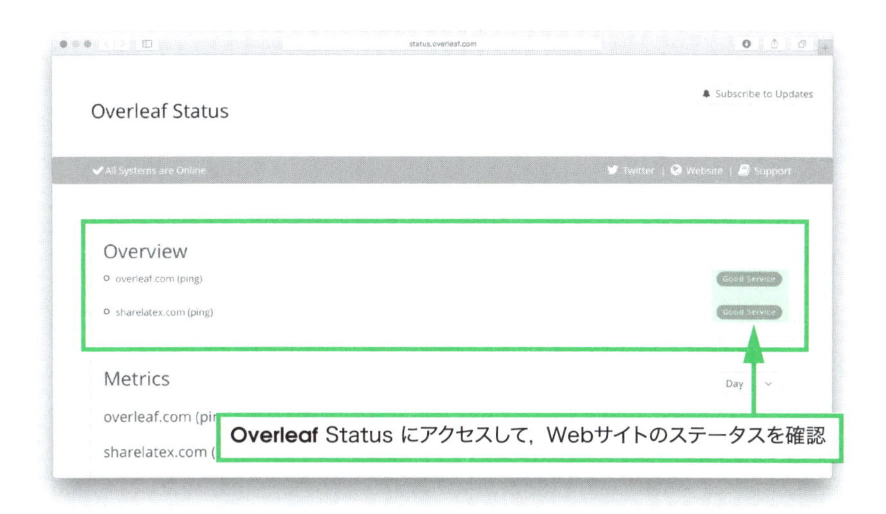

図 12 Web サイトのステータスを確認①

Overleaf Status でステータスが All Systems are Online となっていれば，何か別の原因があるかもしれません．そのような場合，**Overleaf**

の Twitter アカウント（https://twitter.com/overleaf）を確認すると，最新情報を知ることができるかもしれません．

コンパイルエラーメッセージの見方

文書が正しくコンパイルされなかった場合，PDF ビューアの上部（[Recompile] の右）にある [Logs and output files] にエラーの種類とその数がバッヂ表示されます（警告の場合は橙色，エラーの場合は赤色）．

- 警告
  警告メッセージは，LaTeX が通常とは違った記述であることを認識し，自動調整を行ったというアラートです．コンパイルはできており，無視しても大丈夫です．
- エラー
  エラーメッセージは，文書が正しくコンパイルされない問題があることを示します．

[Logs and output files] をクリックすると，詳細なエラーまたは警告メッセージが表示されるので，内容を確認して文書を修正します．メッセージの詳細には，多くの場合，エラーがある箇所，エディタの行番号を示してくれます．

例えば次のエラーメッセージは，「main.tex の 18 行目に $ を記述し忘れている」ことを意味します．数式モードで，数式を $ で囲っていないことが分かるので，$ を挿入して再びコンパイルを実行すればエラーメッセージはなくなります．

コンパイルエラーメッセージの例

```
main.tex, line 18
Missing $ inserted.

Check that your $'s match around math expressions. If
    they do, then you've probably used a symbol in
    normal text that needs to be in math mode. Symbols
    such as subscripts ( _ ), integrals ( \int ), Greek
    letters ( \alpha, \beta, \delta ), and modifiers
    (\vec{x}, \tilde{x} ) must be written in math mode.
    See the full list here.If you intended to use
    mathematics mode, then use $ … $ for 'inline math
    mode', $$ … $$ for 'display math mode' or
    alternatively \begin{math} … \end{math}.

 Learn more
<inserted text>
                $
l.18

I've inserted a begin-math/end-math symbol since I think
you left one out. Proceed, with fingers crossed.
```

コンパイルが終わらずタイムアウトになった場合

コンパイル処理がタイムアウト（文書のPDFファイルを作成するのに時間がかかり過ぎていること）になった場合や，コンパイル処理が一定時間以内に完了できない場合，コンパイル処理を自動的に中止してメッセージが表示されます（図13）.

画像ファイルのサイズが大き過ぎるか，高解像度である場合

Projectに高解像度のPNG形式またはJPEG形式の画像がいくつかある場合，コンパイルに時間を要します．その場合，次の解決法を試してください．

付録

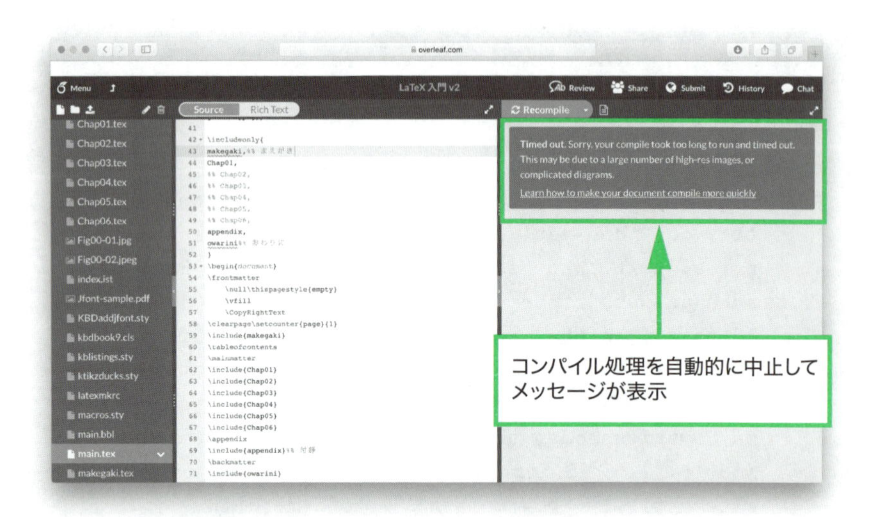

図 13　コンパイルが終わらずタイムアウトになった場合

- PNG 形式のファイルを PDF 形式に変換して使うと，コンパイル処理がうまくいく場合があります．
- コンパイルの設定を，[Recompile] → [Compile Mode] → [Fast [draft]] に変更します（デフォルトは Normal, 図 14）．[Fast [draft]] に変更することで，画像ファイルのコンパイルはスキップされます（図 15）．
- TikZ▶ や pgfplots▶ を利用している場合，コンパイルに時間を要します．TikZ 画像を外部化することにより，これを回避することができます．
- Project のサイズが大きい場合，プランによってコンパイル時間が異なります▶．

▶TEX の描画パッケージ．

▶TikZ/pgf を利用して TEX にグラフを描画するパッケージ．

▶Personal プランは 1 分，Collaborator プランは 4 分です．

キャッシュをクリアにする

コンパイルに成功している Project を開こうとした時や，構文エラーを修正して再コンパイルする時など，ソースには何ら問題がないにも関わらずコンパイルに失敗する場合があります．

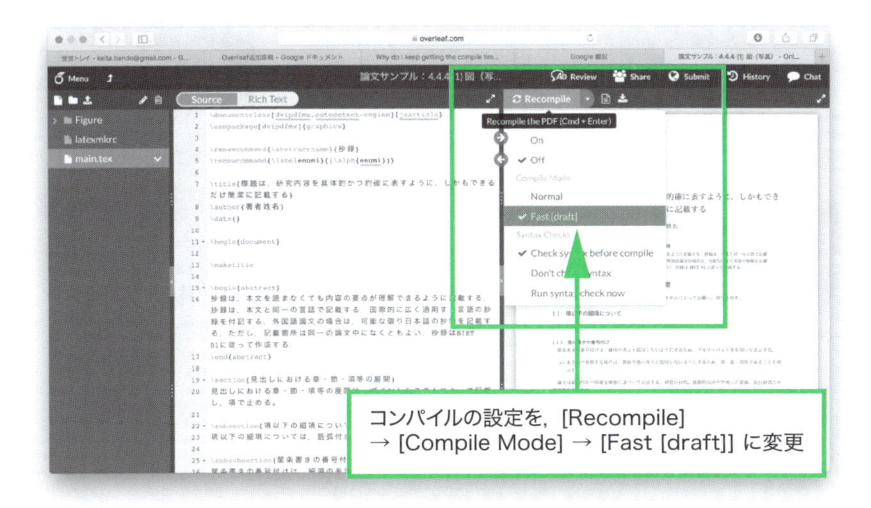

図 14　コンパイルの設定を [Fast [draft]] に変更

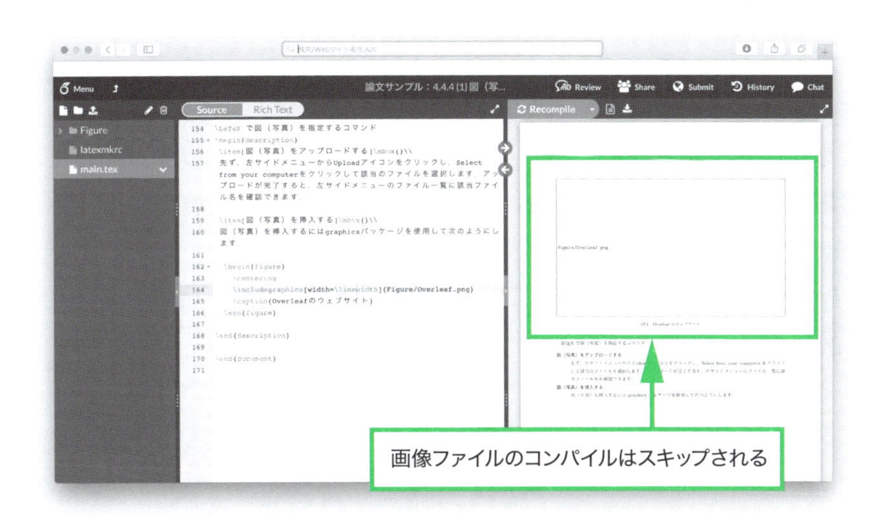

図 15　画像ファイルのコンパイルをスキップ

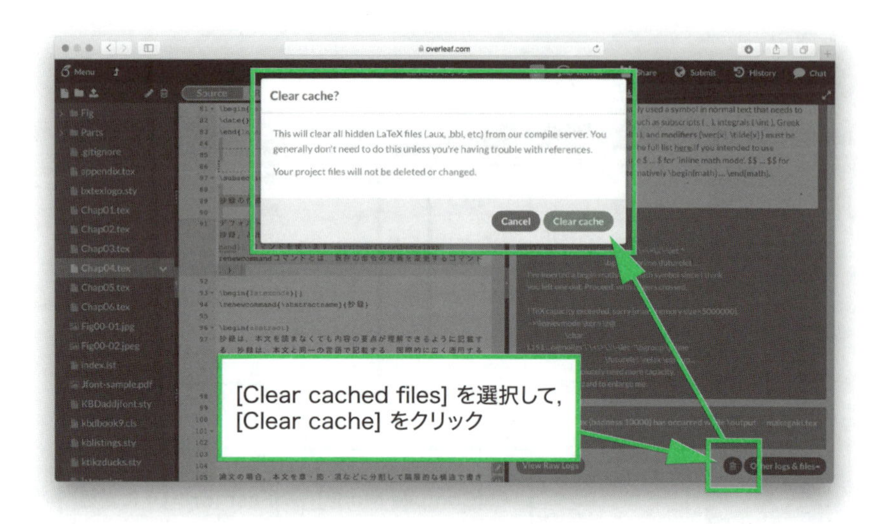

図 16　キャッシュをクリアにする

例えば，次のようなメッセージが表示されます．

Compile already running in another window. Please wait for your other compile to finish before trying again.

その場合，ブラウザもしくは **Overleaf** のキャッシュをクリアにすれば問題解決できる場合があります．

ブラウザのキャッシュをクリアする方法は，お使いのブラウザによって異なります．例えば Safari でキャッシュを削除する場合，[開発] → [キャッシュを空にする] をクリックします．

Overleaf のキャッシュをクリアにする場合，[Recompile] ボタンの右側にある [Logs and output files] → [Clear cached files▶] を選択して，ポップアップ画面上で [Clear cache] をクリックします（図 16）．

コンパイルを実行すると，.aux▶，.bbl▶ などのいわゆる隠しファイルが，**Overleaf** のコンパイル・サーバに自動生成されます．これらは，コンパイルに成功していれば基本的には必要ありません．

キャッシュのクリアを実行したからといって，Project のファイル（例

▶画面一番下までスクロールして見つかるゴミ箱アイコン．

▶目次や参照文献などがある場合，LaTeX 内部での情報の参照に利用される補助（auxiliary）ファイル．

▶BibTeX の生成したファイル．

えば .tex ファイルなど）が削除されたり変更されたりする心配もありません．

History で差分管理する

History で，以前にコンパイルした .tex ファイルとの差分を確認することでエラー箇所を特定できるかもしれません．

[History] をクリックすると，以前にコンパイルした履歴が一覧表示されます．任意のものを選択すると，過去のソースが表示されます．画面上にある [Compare to another version] をクリックすると，現在と過去の差分を確認できます．エラーのなかった時点まで .tex ファイルを復元することができます．その場合，画面上にある [Download project at this version] をクリックすると，プロジェクトが ZIP 形式でダウンロードできますので，再度 ZIP ファイルをアップロードすることにより，以前の状態から編集を再開することができます．

なお，Personal プランでは 24 時間内の履歴しか管理できません．すべての差分を管理したい場合，有料プラン Collaborator プランにアップグレードする必要があります（付録 2 参照）．

サポートへ連絡する

Overleaf のサポート担当へ連絡しましょう．

support@overleaf.com

ここへ連絡をすると，TeXpert と呼ばれるスタッフが，LaTeX のことであれ **Overleaf** のことであれ，あなたの困っている悩みを解決してくれます．

おわりに

著者あとがき

私が **Overleaf** を知ったのは，**Overleaf** がまだ writeLaTeX と呼ばれていた 2014 年 11 月のことでした．当時，私の最も関心あった文献管理ツール Mendeley のブログに，Mendeley と連携する writeLaTeX が紹介され[1]，試しに使い始めて即座に魅了されました．その後，**Overleaf** アドバイザーとなり，現在に至ります．**Overleaf** の素晴らしさを伝えたい，そんな想いで 2017 年 4 月に『情報管理』誌[2] に「オンライン LaTeX エディタ **Overleaf**：論文投稿プロセスを変革する共同ライティングツール」と題した総説記事を寄稿させて頂きました．そんな折，奥村晴彦先生の「LaTeX の「美文書より薄い本」どなたか作りませんか？」というツイート[3] に反応したことが，本書を執筆するきっかけとなり，本書企画がスタートしました．2018 年 4 月には **Overleaf** ユーザ会を初めて主催．そこで出会った寺田侑祐さんにご協力頂くことになったという経緯もありました．

Overleaf は，本書がなくとも使い始めてみればそこそこ我流で使いこなせるサービスですが，少し困ったなという状況に出くわした際，書棚から取り出してページをめくってみる，そんな風にお使い頂けたら著者にとって望外の喜びです．あるいは「**Overleaf** で共著始めたいからこれ読んでおいて」と仲間に差し出して頂くために，全国の大学図書館に所蔵して頂ける

[1] Mendeley and writeLaTeX integration is here! https://blog.mendeley.com/2014/11/19/mendeley-and-writelatex-integration-is-here/

[2] 2018 年 3 月（60 巻 12 号）をもって休刊

[3] https://twitter.com/h_okumura/status/971740133547327488

としたら無上の喜びでしかありません．

本書は，素晴らしいチーム構成で完成させることができました．LaTeX界で存在感あるお二人に監修・協力頂いたのは本当に心強かったです．奥村晴彦先生，寺田侑祐さん，LaTeXについて豊富な知識と経験を元にたくさんのアドバイスをありがとうございました．本書企画が決定した直後，私は『LaTeX美文書作成入門』[4] を入手しました．そこには，奥村晴彦先生自らが版下を日本語LaTeX 2ε（pLaTeX 2ε）で組版されたと記されていました．ならば本書は最初から一貫して**Overleaf**で書かねばなるまいと意を決したその想いに対して，東京図書の本書編集担当である川上禎久さんより快くゴーサインを出して頂きました．想いに応えて頂いたのは啓文堂の宮川憲欣さんでした．お二人のバックアップと専門的なアドバイスがなければ，本書は完成することができませんでした．感謝申し上げます．

また，**Overleaf**創設者のジョン・ハマースリー氏へ御礼を．彼とは2015年4月にサンフランシスコで開催された某カンファレンス後のバーで初対面し，その後はTwitterやメールなどで交流を深めさせて頂きました．総説記事や本書執筆に当たっては，たくさんの質問メールに対し，多忙な中丁寧な回答を頂いたお陰で，原稿を信頼あるものに仕上げることができました．

本書は奥村晴彦先生，寺田侑祐さん，川上禎久さん，宮川憲欣さん，そしてジョン・ハマースリー氏以外にも，数多くの方々の厚意によって支えられてきました．そのすべての方々にここで御礼を申し上げることは叶いませんが，Twitterで**Overleaf**に関することをツイートされたみなさん！ みなさんのツイートから数々のヒントやネタを頂き，本書の各所で原稿化させて頂いたことを白状？ します．お一人おひとりの名前（アカウント）を挙げられないのが申し訳なくてなりませんが，あなたの呟きに深く感謝いたします．

最後に．**Overleaf**をはじめとするオンラインLaTeXエディタの登場で手軽にLaTeXを始められるようになりましたが，このような恩恵を受けることができるのはこれまでのLaTeXコミュニティによる貢献の賜物で，感謝の念に堪えません．

それではみなさん，**Overleaf**で素敵なLaTeXライフを！

[4] 奥村晴彦先生の既に改訂第7版となる『LaTeX 2ε 美文書作成入門』の初版．

索　引

著者，監修者，協力者の紹介

著者

 坂東 慶太（ばんどう けいた） https://researchmap.jp/keitabando/

1971年生まれ，名城大学理工学部数学科卒業．名古屋学院大学勤務．

2007年に「埋もれた研究成果を投稿・共有するサイト」を創設し，草の根オープンアクセス活動を国内外で展開．研究支援ツールや論文共有の動向に関心を持つ．

2014年，日本人初の **Overleaf** アドバイザー．

著書：『文献管理ツール Mendeley ガイドブック』（アトムス，2018年）

Overleaf アドバイザー（https://v1.overleaf.com/advisors）とは，**Overleaf** を所属機関などで広めるために活動する **Overleaf** 公認のボランティアで，世界中に約300人，日本には3人います．

監修者

 奥村 晴彦（おくむら はるひこ） https://oku.edu.mie-u.ac.jp/~okumura/

1951年生まれ，三重大学名誉教授，三重大学教育学部特任教授．

著書：『Rで楽しむ統計』（共立出版，2016年），『［改訂第7版］$\LaTeX 2_\varepsilon$ 美文書作成入門』（技術評論社，2017年），『［改訂第3版］基礎からわかる情報リテラシー』（技術評論社，2017年），『Rで楽しむベイズ統計入門』（技術評論社，2018年），『［改訂新版］C言語による標準アルゴリズム事典』（技術評論社，2018年）他多数

協力者

 寺田 侑祐（てらだ ゆうすけ） http://doratex.hatenablog.jp

1981年生まれ，東京大学大学院数理科学研究科修士課程修了，鉄緑会勤務．

TeXShop 開発チームメンバー，TeX2img の開発者，「TeX ユーザの集い 2014/2015」実行委員．

●装幀　岡 孝治

インストールいらずのLaTeX入門——Overleafで手軽に文書作成

2019年5月25日　第1刷発行

著　者　坂　東　慶　太
監修者　奥　村　晴　彦
協力者　寺　田　侑　祐
発行所　東京図書株式会社
〒102-0072　東京都千代田区飯田橋3-11-19
振替00140-4-13803　電話03(3288)9461
URL http://www.tokyo-tosho.co.jp/

ISBN 978-4-489-02311-8